U0169148

新能源发电系统
非线性鲁棒控制

杨博　余涛　束洪春　著

中国电力出版社
CHINA ELECTRIC POWER PRESS

内 容 提 要

非线性鲁棒控制是新能源发电系统控制设计的重要方法，本书主要介绍了非线性鲁棒控制在新能源发电系统中的应用。全书的内容可分为三部分。第一部分（第 1 章）介绍本书研究背景、内容和意义。第二部分（第 2～3 章）首先介绍了扰动观测器、滑模控制、无源控制等理论知识，并基于理论部分的控制框架完整地设计出风力发电系统（永磁同步发电机与双馈感应电机）非线性鲁棒控制策略（基于扰动观测器的滑模控制、无源滑模控制、非线性鲁棒状态估计反馈控制）。第三部分（第 4 章）介绍了最大功率跟踪技术、分数阶 PID 控制与分数阶滑模控制等理论知识，针对并网光伏发电系统，设计了两种 MPPT 控制器（基于改进樽海鞘算法的 MPPT 控制器和基于迁移强化学习算法的 MPPT 控制器），并提出两种并网光伏逆变器控制策略（最优无源分数阶 PID 控制和鲁棒分数阶滑模控制）。此外，每种控制器均给出不同工况下与其他经典控制的算例分析与对比，验证了所设计控制器的有效性；基于 dSpace 的硬件在环实验也验证了各类控制器的硬件可行性。同时，各类控制器的闭环系统稳定性与鲁棒性也给出了严格数学证明。

本书可作为学习新能源发电系统及其非线性鲁棒控制有关知识的科技用书，也可作为大中专院校电气类、自动化类、能源类等相关专业教师和学生的相关教材，同时可供电力行业从业人员、广大科研工作者等日常参考。

图书在版编目（CIP）数据

新能源发电系统非线性鲁棒控制/杨博，余涛，束洪春著 . —北京：中国电力出版社，2021.12
ISBN 978 - 7 - 5198 - 6359 - 3

Ⅰ.①新… Ⅱ.①杨…②余…③束… Ⅲ.①非线性控制系统－鲁棒控制－应用－新能源－发电－系统设计 Ⅳ.①TM61

中国版本图书馆 CIP 数据核字（2021）第 273781 号

出版发行：中国电力出版社
地　　址：北京市东城区北京站西街 19 号（邮政编码 100005）
网　　址：http://www.cepp.sgcc.com.cn
责任编辑：乔　莉（010 - 63412535）
责任校对：黄　蓓　常燕昆
装帧设计：郝晓燕
责任印制：吴　迪

印　　刷：三河市万龙印装有限公司
版　　次：2021 年 12 月第一版
印　　次：2021 年 12 月北京第一次印刷
开　　本：787 毫米×1092 毫米　16 开本
印　　张：10.25
字　　数：182 千字
定　　价：68.00 元

版 权 专 有　侵 权 必 究

本书如有印装质量问题，我社营销中心负责退换

序言 1

面对化石能源日益枯竭、环境污染、温室效应等难题，大力开发风能、太阳能等绿色新能源，发展智能电网、提升能源利用效率、节能减排也已成为各国能源战略的根本共识。

然而，以风电、光伏为代表的新能源，固有特性表现为空间的分散性和时间的波动性。随着风电、光伏的迅速发展和其在电网中渗透率的不断提高，无疑将对电网的潮流分布、调度方式、电网稳定、无功补偿以及电网调峰调频等方面带来重大影响。因此，采用非线性控制、鲁棒控制等现代控制理论与技术设计高效、实用的控制策略对提升风能和太阳能的利用率、提高新能源电力系统稳定性和改善电网电能质量具有重要意义。

近年来，杨博教授、余涛教授与束洪春教授及其所带领的研究团队在分布式能源发电及控制领域开展了卓有成效的研究工作，他们首先对非线性鲁棒控制理论本身进行了深入研究，包括基于微分几何、滑模控制、自适应无源控制、扰动观测器、分数阶 PID 控制理论等诸多先进方法，进一步开展了在新能源发电系统广泛存在的非线性、不确定性条件下的非线性自适应控制和鲁棒协同控制问题研究。值得一提的是，这些研究工作均是在他们团队近几年承担的一系列国家级、省级以及南方电网有限公司的重大科研项目和示范工程的基础上完成的，不仅积累了丰富的理论研究成果，同时形成了宝贵的工程经验。其中，在理论研究方面，研发了分布式发电、储能协调与控制方法，面向中西部地区的用电侧发－储－用协调优化方法和面向高分散用户群落的发－储－用分布式协调优化方法，为提高含分布式能源电网的稳定性、保障用电质量提供了充分的理论依据。在工程实践方面，基于上述理论成果，在云南省玉溪市、怒江州、勐腊县等地区开展了多个实际工程建设，为分布式能源的顺利并网和提高分布式能源的转换效率提供了工程示范。

该书系统阐述了风力发电系统和光伏系统非线性鲁棒控制的理论和设计方法，具有较高的学术性和实用性。该书主题突出、系统完整，特别是基础理论与工程实践结合紧密。该书凝结了杨博、余涛、束洪春教授及其团队多年研究工作的心血。本人相信该书的出版对分布式能源的技术研究、工程应用和相关方向的人才培养具有积极的推动作用。

柏生伟

清华大学电机工程与应用电子技术系

2021 年 4 月于北京

序言 2

在当今世界能源枯竭、生态赤字的严峻形势下，大力发展新能源是改善能源结构、保障能源安全、推进生态文明建设的重要任务。如今，对太阳能和风能的开发利用正在积极地进行。然而，风能和太阳能发电具有强随机性、间歇性和不确定性特点，其可控性和可预测性明显低于传统化石能源发电。因此，高比例风能和太阳能的大规模并网面临着电网局部电压波动和谐波污染等电能质量问题，甚至更为复杂的电网动态稳定、调频调压及经济调度等问题的瓶颈制约。

实现风力发电系统和光伏系统的最优控制是保障新能源接入下的复杂电网安全、稳定、可靠运行的基本前提。非线性自适应/鲁棒/无源控制理论作为处理非线性问题的有效工具，已经在诸多领域中崭露头角，显示出巨大的优越性和应用潜力。目前，非线性控制理论的实际应用逐渐在新能源发电领域广泛开展，基于非线性鲁棒控制的新能源发电系统换流器和 MPPT 控制器的控制策略也在日新月异地发展着。

三位作者以及他们的研究团队瞄准新能源发电领域中亟待解决的新能源并网稳定性欠佳、新能源系统鲁棒性差、输出功率波动大等方面的问题，基于非线性自适应/鲁棒/无源控制理论，广泛且有效开展了新能源发电系统的智能优化与控制等研究工作。期间，在主持的一系列国家级、省部级、厅局级和企业横向项目的科研支持下，相应的理论研究和工程应用均取得突破进展。本书正是基于这些理论成果和工程经验完成的，主要针对风力发电系统和光伏系统的换流器和 MPPT 控制器进行了一系列针对性的非线性鲁棒控制设计，并给出相应的实验验证。本书一方面涵括了扰动观测器、滑模控制、无源控制、分数阶 PID 控制等诸多先进的非线性控制理论知识，另一方面对所提出的控制性能颇佳的非线性鲁棒控制策略进行了详细介绍。因此，个人认为本书内容具有较高的学术价值和应用潜力，可为新能源领域和控制领域的广大科研工作者提供切实的理论依据，对新能源发电技术和非线性控制技术的日臻成熟起到一定的推动作用。

华中科技大学电气与电子工程学院

2021 年 5 月于湖北武汉

前　言

　　能源紧缺、环境恶化是当今人类生存和发展所要解决的紧迫问题。纵观人类社会的发展历程，社会发展与能源的开发和利用水平密切相关，每一次新型能源的开发都会使人类经济的发展产生一次飞跃。在 21 世纪的今天，能源结构正在孕育着新的变革。从传统能源向新能源的转变，不断提升可再生能源在全球能源结构中的比例，提高资源利用效率和清洁化水平，寻求一条社会经济进步与资源环境相协调、可持续发展的道路，已成为世界各国的共同发展趋势。优化能源结构、开发可再生能源也成为我国实现经济可持续发展的必由之路。而众多可再生能源中，风能、太阳能具有技术相对成熟、适合大规模商业开发，且成本较低的优势，成为新能源发电的主要方式。

　　新能源属于可再生能源，其特点是能源密度低，蕴藏具有分散性、间歇性、随机性，所以它们的开发和利用受到一定的限制，在技术上有一定的难度。目前，在风力发电和光伏发电的实际工程应用中广泛采用的仍然是传统控制策略。但是，"凡事预则立，不预则废"，为保证新能源发电系统能持续地稳定、可靠、高效运行，研究控制性能更佳、鲁棒性更强的控制技术是当今新能源发电系统控制领域的必然趋势。

　　本书将非线性鲁棒控制原理与实践相结合，涵盖了笔者多年来对新能源发电系统非线性鲁棒控制的研究成果。本书在编写过程中遵循理论讲解深入浅出、问题求解思路清晰、设计步骤详细全面的理念，希望读者通过阅读本书，不仅可以掌握非线性鲁棒控制的概念、原理、方法，更重要的是学习新能源发电系统的新型非线性鲁棒控制设计方法，并能举一反三，自己设计相关控制器。

　　本书主要特点如下：

　　（1）特色鲜明，实用性强。全书针对新能源发电系统（风能和太阳能）发电效率较低的问题，提出了一系列非线性鲁棒控制，具有重要的现实意义和工程借鉴价值。

　　（2）重点突出，简单明了。完整建立了风能和太阳能发电系统的数学模型，并给出了相关控制器非线性鲁棒控制推导过程，有利于读者进行理论分析和解决工程实际问题。

（3）难易适中，适用面广。相关章节安排有风能和太阳能发电的基础知识，适用不同基础的相关工程技术人员和学生使用。

目前针对风力和光伏发电的研究发展迅速，限于作者水平，加之时间仓促，书中错误之处在所难免，敬请专家和读者批评指正。

作　者
2021 年 5 月

目　录

1 新能源发电技术现状与发展

1.1 可再生能源综述

自西方工业化以来，人类在日益强大的大规模生产和经济活动中，过度消耗化石燃料，导致环境破坏日益严峻。如图 1.1.1 所示的全球能源发电结构图，在世界范围内，煤炭、石油和天然气等化石燃料仍然是主要的发电能源，占发电总量的 64.7%。在这样的背景下，可再生能源成为新型能源结构中的重要组成部分。作为传统化石能源的替代能源，可再生能源的广泛使用能够有效减少 CO_2 和 SO_2 的排放，在对抗气候变化和资源消耗的过程中，可再生能源无疑将起到重要作用[1-4]。发电份额分别是 5.6% 和 1.9% 的风力发电和光伏发电是本书主要研究的对象。

1.1.1 风能

风力发电于 1890 年起源于丹麦，之后经过了四个重要的发展阶段[1-4]。第一阶段（第二次世界大战前后），由于能源需求量增大，不少国家相继开始关注风力发电。美国于 1941 年建造了一台 1250kW 的特大风力发电机组。然而，这种风力发电机组技术复杂，运行不稳定，无法推广使用。第二阶段（20 世纪 70 年代），世

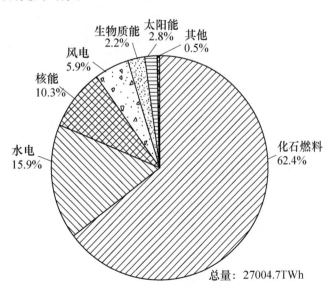

图 1.1.1　全球能源发电结构[2]

界性的两次石油危机极大地刺激了风力发电的发展。期间，丹麦研制出 55～630kW 的

系列化风力发电机组。第三阶段（20 世纪 80 年代），以美国为主的西方各国开始着手实施以风力发电为核心的节能计划，并为风力发电提供了许多优惠政策，促使风力发电进入高速发展时代。第四阶段（20 世纪 90 年代至今），随着全球环境的不断恶化，环保呼声的日益高涨，各国更加注重发展风力发电。同时，由于技术发展和大规模风力发电经济性提高，风力发电的发展令人瞩目。这些进步源自结构分析和设计的先进技术采用、叶片设计与制造技术的完善、电力电子技术和变速技术的大量采用，这一切都使得风力发电技术成为发展速度最快的"绿色"技术[5-7]。截至 2017 年底，全球风电总装机容量约 539GW[5]，各国风电总装机容量如图 1.1.2 所示。从图 1.1.2 可以看出，中国以188.39GW（35%）的装机容量位居全球第一，美国装机容量超过 89GW（17%）。

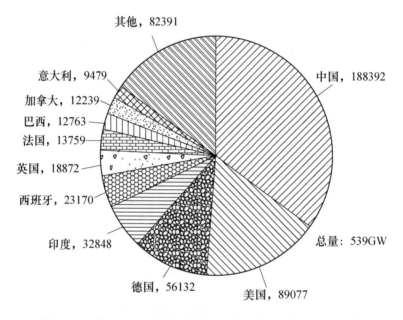

图 1.1.2　截至 2017 年底各国风电总装机容量（单位：MW）[5]

1.1.2　太阳能

太阳能是各种可再生能源中重要的基本能源，也是人类可利用的最丰富的能源。太阳每年投射到地面上的辐射能高达 1.05×10^{18} TWh(3.78×10^{24} J)，相当于 1.3×10^6 亿 t 标准煤[8]。按目前太阳的质量消耗速率计，可维持 6×10^{10} 年。所以，可以说太阳能是"取之不尽，用之不竭"的能源。

1. 太阳能热发电

太阳能发电主要有太阳能热发电和太阳能光发电两种方式。太阳能热发电，是利用太阳辐射所产生的热能发电，通常要经过"光—热—电"的转换过程来实现。大规模

（MW级）的太阳能热发电一般用太阳能集热器收集太阳辐射热，并将所吸收的热能用于发电。太阳能热发电有多种形式，主要分为热电直接转换和蒸汽热动力发电两大类型[9,10]。

（1）热电直接转换。热电直接转换，即利用太阳能提供的热量直接发电（多是依靠特殊的物理现象或化学反应）。可能的实现形式有半导体或金属材料的温差发电，真空器件中的热电子和热离子发电，以及碱金属热发电转换和磁流体发电等。

（2）蒸汽热动力发电。蒸汽热动力发电，即先利用太阳能提供的热量产生蒸汽，再利用高温高压蒸汽的热动力驱动发电机发电。

两种热发电方式的共同之处在于，都要通过集热装置（可能包括聚光装置和集热器）将太阳能收集起来并转换为热能，即都要先完成"光—热"转换的过程。

2. 太阳能光发电

太阳能光发电，是指直接将光能转变为电能的发电方式，只需一个"光—电"转换过程，而不通过热过程。广义的光发电，包括光伏发电、光化学发电、光生物发电和光感应发电等。其中，光伏发电因其环境友好、易于维护、能量转化率高等优点，近年来发展迅猛，已成为全球可再生能源发电的主力军[11-14]。因此，本书后续内容，主要针对光伏发电展开。

2017年全球新增98GW的光伏总装机容量，同比增长28.95％，累计全球总容量达到442GW[15]。从全球区域市场情况来看，2017年中国在光伏装机容量方面均处于全球第一位，累计装机容量为131GW，如图1.1.3所示。

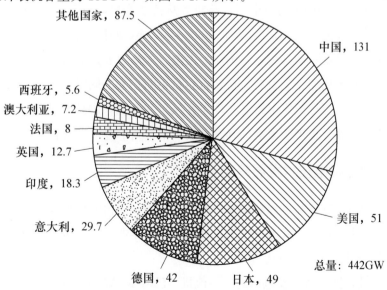

图1.1.3　截至2017年底各国光伏总装机容量（单位：GW）[15]

1.2 风力发电技术发展现状及趋势

风的形成与地表压力差有一定的关系，风能就是由于高压向低压方向移动而产生的动能。风力发电技术便是研究将风能转化为动能再转化为电能的过程。在早期社会，我国人们就开始利用风能，如风车抽水、磨坊等。

1.2.1 风力发电技术发展现状

风力发电起源很早，丹麦人发明了世界上第一台风力发电机，并于 19 世纪末期，组建了世界上第一个风力发电站。之后世界各国对风力发电都很重视，风力发电在世界各国都是重要的研究课题，而且现在风力发电的设备和技术、价格等都有明显的改善。其主要表现在[9,16-18]：第一，风力发电的单机容量与发电的成本有重要的关系，在风力发电中单机容量越大，其发电成本就越低，风力发电以获得最大经济效益为目的，逐渐向大型化靠拢，现在的风力发电的单机容量已经可以实现兆瓦级别；第二，风电技术在空气动力学和新材料技术、计算机技术的发展环境下，已经得到了较大的改进；第三，风力发电的优惠政策，以及各国政府对风力发电技术的重视，加快促进了风力发电事业的快速发展。

1986 年，我国第一座风电场——马兰风电场在山东荣成并网发电，是我国风电历史上的里程碑，标志着中国风电的开端。"十二五"期间，我国风电新增装机容量连续五年领跑全球，累计新增 9800 万 kW，中东部和南方地区的风电开发建设取得积极成效[16-18]。近十年来，中国风力发电累计装机容量持续增长。截至 2020 年底，中国风力发电量达 4665 亿 kWh，较 2019 年增加了 608 亿 kWh，同比增长 14.99%。随着风电相关技术不断成熟、设备不断升级，中国风力发电行业高速发展。近年来，风电大开发有力带动了相关设备市场的蓬勃发展。在装机容量不断扩大的同时，中国的可再生能源利用水平也在不断提高。全国风电行业实现了弃风量和弃风率的持续下降，加快了中国能源行业的高质量发展，也表明风能的开发利用技术得到了进一步发展。

1.2.2 风力发电技术发展趋势

随着科技的不断进步和世界各国能源政策的倾斜，风力发电必将飞速发展，展现出广阔的前景。未来数年风力发电技术的发展趋势主要体现在下述四个方面[9,16-18]。

1. 单机容量继续快速稳步上升

21 世纪以前，国际风力发电市场上主流机型已从 50kW 增加到 1500kW。进入 21 世纪后，随着技术的日趋成熟，风力发电机组不断向大型化发展，目前风力发电机组的规

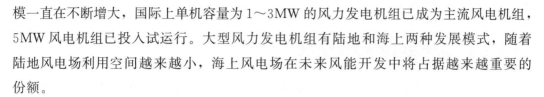

模一直在不断增大，国际上单机容量为1～3MW的风力发电机组已成为主流风电机组，5MW风电机组已投入试运行。大型风力发电机组有陆地和海上两种发展模式，随着陆地风电场利用空间越来越小，海上风电场在未来风能开发中将占据越来越重要的份额。

2. 变桨距调节方式取代定桨距失速调节方式

定桨距失速调节型风电机技术是利用桨叶翼型本身的失速特性，即风速高于额定风速时，气流的功角增大到失速条件，使桨叶表面产生涡流，降低效率，从而达到限制功率的目的。在这种调节方式下，桨叶等主部件受力大，输出功率的随机性较大。变桨距调节型风电机技术则是通过调节变距调节器，使风轮机叶片的安装角随风速的变化而变化，以达到控制风能吸收的目的。在额定风速以下时，它等同于定桨距风电机。当在额定风速以上时，变桨距机构发生作用，调节叶片功角，保证发电机的输出功率在允许的范围之内。变桨距风轮机的启动风速较定桨距风轮机低，停机时传动机械的冲击应力相对缓和。从目前风机单机容量快速上升的趋势看，变桨距调节方式将迅速取代定桨距调节方式。

3. 变速运行方式取代恒速运行方式

目前市场上恒速运行的风电机组一般采用双绕组结构的异步发电机，双速运行。恒速运行方式由于转速基本恒定，而风速经常变化，因此风轮机经常工作在风能利用系数较低的点上，风能得不到充分利用。变速运行的风电机组一般采用双馈异步发电机或多极同步发电机。双馈电机的转子侧通过功率变换器（一般为两电平背靠背功率变换器）连接到电网。该功率变换器的容量仅为电机容量的1/3，并且能量可以双向流动。目前我国生产的风电机组以恒速运行为主，但很快将会过渡到变速运行的方式，以达到与国际领先技术接轨。

4. 无齿轮箱系统的市场份额迅速扩大

目前从风轮到发电机的驱动方式主要有两种：一种是通过齿轮箱多级变速驱动双馈异步发电机，简称为双馈式，是目前市场上的主流产品；另一种是风轮直接驱动多极同步发电机，简称为直驱式。直驱式风轮机具有节约投资，减少传动链损失和停机时间，以及维护费用低、可靠性好等优点，在市场上正在占有越来越大的份额。

1.3 光伏发电技术发展现状及趋势

太阳能的能源主要来自地球外部天体（主要是太阳能），是太阳中的氢原子核在超高温时聚变释放的巨大能量，人类所需能量的绝大部分都直接或间接地来自太阳。光伏发电是根据光生伏特效应将太阳能转化为电能的一种方式，这也是太阳能发电的主要形式[19,20]。

1.3.1 光伏发电技术发展现状

光伏电池是太阳能光伏发电系统中的基本核心部件，它的大规模应用需要解决两大难题[20-22]：一是提高光电转换效率；二是降低生产成本。以硅片为基础的第一代光伏电池，其技术虽已经发展成熟，但高昂的材料成本在全部生产成本中占据主导地位。基于薄膜技术的第二代光伏电池中，很薄的光电材料被铺在非硅材料的衬底上，大大减少了半导体材料的消耗，并且易于形成批量自动化生产，从而大大降低了光伏电池的成本。国际上已经开发出电池效率在15%以上、组件效率10%以上和系统效率8%以上、使用寿命超过15年的薄膜电池工业化生产技术。第三代高转换效率的薄膜光伏电池通过减少非光能耗，增加光子有效利用以及减少光伏电池内阻，使得光伏转换效率的上限有望获得新的提升。另外，多晶硅光伏电池比单晶硅光伏电池的材料成本低，是世界各国竞相开发的重点，其研究广受关注[20-22]。另外，非晶硅电池仍处在发展之中，每年的新增产量在10MW以上。化合物太阳电池（如铜铟镓硒等）正以其转换效率高、成本低、弱光性好及寿命长等优点成为新一代光伏电池的发展方向。

国家"十五"期间，国家通过科技攻关和863计划安排支持了一批增强现有装备生产能力的项目，大幅度提高了光伏发电技术和产业的水平[20-22]。特别地，在"十三五"期间，我国光伏应用市场稳步增长[23]。2020年，我国组件产量达到124.6GW，同比增长26.4%，随着全球光伏产业不断扩大，我国光伏装机量也在不断提升。截至2020年，我国光伏累计装机达240GW，是2015年末43.2GW装机的5.6倍[24]。目前，我国不仅已发展成为光伏组件的产业大国，而且在光伏产业的规模化应用方面已经上升到国家战略层面，将其发展成为国家战略性科技产业，助力国家实现能源转型升级、能源结构调整和经济的可持续发展。

1.3.2 光伏发电技术发展趋势

纵观世界光伏发电技术几十年来的发展历程，呈现如下发展趋势[19-23]：

（1）随着技术的不断进步，光伏系统设备的成本大幅降低，尤其是系统关键设备光伏组件与逆变器。例如，晶体硅光伏电池的硅片厚度将不断降低，从而使硅材料的消耗不断减小；大容量和更高效率逆变器的出现也将进一步降低逆变器的成本。

（2）晶体硅光伏电池光电转换效率和生产技术水平仍将持续提高，可靠性将进一步增强。

（3）薄膜光伏电池技术不断进步，薄膜光伏电池的市场份额将得到快速增长。此外，碲化镉电池、铜铟硒薄膜电池等非晶硅电池逐步进入市场。

（4）多晶硅薄膜光伏电池的光电转换效率不断接近晶体硅光伏电池，成本远低于晶体硅光伏电池，发展前景广阔。

（5）叠层、量子点、多能带、热光伏、多载流子、钙钛矿光伏电池等方兴未艾的新一代光伏电池将克服第一代硅光伏电池成本高、第二代薄膜等非晶硅光伏电池光电转换效率低的局限，且具有原材料丰富等优点。

（6）并网型光伏发电系统的应用比例不断增加，逐步成为光伏发电的主流。同时，光伏系统与建筑相结合的太阳能光伏建筑将进入快速商品化生产时期。

（7）光伏技术与光热技术的结合使得太阳能一次能源效率的利用率持续提高，PV/T组件技术成为光伏领域一项重要的应用。

与传统发电方式相比，目前光伏发电的成本仍偏高。但随着技术的进步，光伏设备成本的降低，光伏系统的应用已经开始逐渐具备大规模商业开发的条件。可以预见，以太阳能为主体的新能源将成为 21 世纪能源供应主体，从而成为极具竞争力的可再生能源。

参考文献

［1］ Manfred S. Wind energy systems for electric power generation ［M］. 倪玮，许光，译. 北京：机械工业出版社，2011.

［2］ BP Company. Statistical review of world energy 2020 ［R］. London：BP Company，2020.

［3］ 汪建文. 可再生能源 ［M］. 北京：机械工业出版社，2012.

［4］ 孙冠群，孟庆海. 可再生能源发电 ［M］. 北京：机械工业出版社，2015.

［5］ British P. Statistical review of world energy June 2018 ［R］. London：BP，2018.

［6］ Yang B，Yu T，Shu H C，et al. Robust sliding-mode control of wind energy conversion systems for optimal power extraction via nonlinear perturbation observers ［J］. Applied Energy，2018，210：711-723.

［7］ Yang B，Yu T，Shu H C，et al. Passivity-based linear feedback control of permanent magnetic synchronous generator-based wind energy conversion system：design and analysis ［J］. IET Renewable Power Generation，2018，12（9）：981-991.

［8］ 周鑫发. 降低成本——发展阳光发电技术的关键 ［J］. 能源工程，1997（2）：11-12.

［9］ 钱显毅，沈明辉. 风能及太阳能发电技术 ［M］. 北京：北京交通大学出版社，2013.

［10］ 黄汉云. 太阳能发热和发电技术 ［M］. 北京：化学工业出版社，2015.

［11］ Yang B，Yu T，Zhang X S，et al. Dynamic leader based collective intelligence for maximum power point tracking of PV systems affected by partial shading condition ［J］. Energy conversion and management，2019，179：286-303.

［12］ Yang B，Zhong L E，Zhang X S，et al. Novel bio-inspired memetic salp swarm algorithm and application to MPPT for PV systems considering partial shading condition ［J］. Journal of cleaner production, 2019, 215: 1203 - 1222.

［13］ Zhang X S, Li S N, He T Y, et al. Memetic reinforcement learning based maximum power point tracking design for PV systems under partial shading condition ［J］. Energy, 2019, 174 (1): 1079 - 1090.

［14］ Ding M, Lv D, Yang C, et al. Global maximum power point tracking of PV systems under partial shading condition: A transfer reinforcement learning approach ［J］. Applied Sciences, 2019, 9 (13): 2769.

［15］ Lupangu C, Bansal R C. A review of technical issues on the development of solar photovoltaic systems ［J］. Renewable and Sustainable Energy Reviews, 2017, 73: 950 - 965.

［16］ Muyeen S M. Wind energy conversion systems technology and trends ［M］. 温春雪, 樊生文, 译. 北京: 机械工业出版社, 2013.

［17］ Muteanu L, Bratcu A I, Cutululis N A, et al. Optimal control of wind energy systems ［M］. 李建林, 周京华, 译. 北京: 机械工业出版社, 2010.

［18］ 吴双群, 赵丹平. 风力发电原理 ［M］. 北京: 北京大学出版社, 2013.

［19］ 魏学业. 光伏发电技术及其应用 ［M］. 北京: 机械工业出版社, 2013.

［20］ 白建波. 太阳能光伏系统建模、仿真与优化 ［M］. 北京: 电子工业出版社, 2014.

［21］ Rekioua D, Matagne E. Optimization of photovoltaic power systems—modulization, simulation and control ［M］. 杨立永, 毛鹏, 译. 北京: 机械工业出版社, 2013.

［22］ 张兴, 曹仁贤. 太阳能光伏并网及其逆变技术 ［M］. 北京: 机械工业出版社, 2010.

［23］ 王仲颖, 单国瑞. 中国可再生能源展望: 2016 ［M］. 北京: 科学出版社, 2017.

［24］ 王勃华. 光伏行业 "十三五" 发展回顾与 "十四五" 形势展望 ［R］. 北京: 中国光伏行业协会, 2020.

2　永磁同步发电机非线性鲁棒控制设计

2.1　永磁同步发电机控制策略概述

永磁同步发电机是一种变速恒频风力发电机，由于具有效率高、功率密度大、拓扑结构灵活多样、无需电刷系统等诸多优点，近年来已成为风力发电的首选机型[1-4]。在变速恒频风力发电系统中，最大风能捕捉技术一直是研究热点。在低于额定风速的情况下，根据风速变化自动调节风机转速使其运行于最大功率点，从而捕获最大风能，即为风力发电系统的最大功率点跟踪（maximum power point tracking，MPPT)[5,8]，如何实现在变风速下的 MPPT 是永磁同步发电机系统控制设计的关键。

在实际工程应用中，永磁同步发电机最主要的控制框架是基于比例—积分—微分（proportional - integral - differential，PID）环节的矢量控制（vector control，VC），该控制策略结构简单、可靠性高，早已在工程界得到了广泛应用[9,10]。然而，PID 控制的控制参数是否合适对系统性能影响较大，因为 PID 控制参数的选取是基于对原非线性系统在某一运行点处线性化得到的，当系统运行点偏移时其控制性能将不可避免地降低，故难以实现全局一致的控制性能[11]。

考虑到永磁同步发电机的强非线性、系统建模的不确定性、风速的强随机性以及在运行过程中伴随的多种扰动等因素，非线性控制、鲁棒控制、自适应控制等先进控制理论为永磁同步发电机的控制策略提供了一套新的解决思路。这些控制策略从被控对象的自身特性出发，通常可更合理地处理系统的非线性及不确定性，因此受到广泛关注。例如：反馈线性化控制（feedback linearization control，FLC）将永磁同步发电机的所有非线性进行完全补偿，以获得全局一致的控制性能[12]；处理永磁同步发电机定子参数的鲁棒 H_∞ 控制器，有效地提高了系统对参数不确定的抑制效果[13]；基于非线性 Luenberger 观测器，文献［14］设计了一款仅需测量电气量而无需测量机械量的永磁同步发电机自适应控制器，同时，非线性扩张状态观测器也被用于抑制永磁同步发电机在捕获风能过程中的内部和外部扰动。另外，随着智能算法的发展，如模糊逻辑控制（fuzzy logic control，FLC）、人工神经网络（artificial neural network，ANN）等方法也渐渐被应用于永磁同步发电机的控制器设计中，又如基于人工神经网络的强化学习（artificial neural network based reinforcement learning，ANNRL），可将永磁同步发电机视为一个智能体，通过在线学习大幅提升 MPPT 控制的性能[15]。

对永磁同步发电机系统而言，其控制策略是多种多样的，各种策略都有它的针对性或出发点，各有所长，同时也存在不同程度的局限性和不足，但是随着控制理论的不断发展，人们对永磁同步发电机系统的非线性鲁棒控制也正在逐渐地深入。

近年来，滑模控制（sliding-mode control，SMC）因其所具有的优良特性而受到越来越多的重视。我们知道，SMC 通过自行设计所需的滑模面和等效控制律，能快速响应输入的变换，对参数的变换和扰动极不敏感。与传统控制策略相比，SMC 对于参数摄动、外界扰动及数学描述不准确的系统来说具有很好的鲁棒性[16-18]。经过长时间的发展，SMC 已经逐渐拥有自己的体系，成为在复杂系统中常用的控制方法，在电机与电力系统、航空航天、机器人等多个领域都取得了较好的效果。现今，基于非线性鲁棒控制理论的 SMC 已渐渐被用于提高永磁同步发电机系统的鲁棒性[19]。为实现永磁同步发电机更优的控制性能和更强的鲁棒性，基于滑模理论的设计方法，本章提出了两种新型滑模控制策略，分别是基于扰动观测器的滑模控制（perturbation observer based sliding-mode control，POSMC）和新型无源滑模控制（passive sliding-mode control，PSMC）。同时，基于 Matlab/Simulink 搭建永磁同步发电机的系统模型并进行相应的算例分析，以验证这两种控制策略的鲁棒性和有效性。

2.2 基于扰动观测器的滑模控制

在控制系统设计中，很多控制器的设计都是假定了被控系统的所有状态都能直接获得，但事实上，很多系统的状态是不能完全测得的，永磁同步发电机系统便是一个很好的例子。因此学者们开始研究如何利用被控系统的输入、输出信息设计观测器，以对系统状态实现重构，通过重构的途径解决了系统状态不能直接测量的问题。同时，由于永磁同步发电机是一个高度非线性的时变系统，由于风速的强随机性以及在运行过程中伴随的多种扰动等因素，不得不考虑新的控制策略以解决其扰动问题。为了削弱不确定因素及其扰动对永磁同步发电机系统的影响，本节结合观测器理论和滑模控制理论，设计了一种新型的观测器，即滑模状态-扰动观测器（sliding-mode state perturbation observer，SMSPO），基于此观测器，提出了一种新型的滑模控制策略，即 POSMC。POSMC 通过 SMSPO 对参数变化和多种扰动进行估计，并进行实时的负荷补偿，从而有效地减小永磁同步发电机系统的稳态误差并削弱系统固有的抖振现象，增强系统鲁棒性，以实现永磁同步发电机系统的 MPPT。

2.2.1 滑模扰动观测器

扰动观测器的思想是在 1987 年提出来的，由于存在未建模动态特性和各种扰动，系统的名义模型不同于其实际模型，而扰动观测器则将系统实际模型的输出与名义模型的输出之间的差异看作是作用于名义模型的当量扰动，他估计出这种当量扰动，并将其加入到控制端用于抵消外部扰动的影响，扰动观测器由此得名。而且，扰动观测器无需建立扰动模型，是一种简单而实用的扰动补偿方案[20]。近些年来，扰动观测器得到学者们的广泛研究，并被逐渐应用于高性能、高精度的实际控制系统中，主要得益于扰动观测器的诸多优良特性：

（1）对于系统参数变化、非线性摩擦以及其他外部扰动，扰动观测器将它们看成一个等效扰动，对其进行估计并反馈到控制输入端，使计算量大大减少。

（2）扰动观测器的结构十分简单，只需要一个名义模型的倒数和一个低通滤波器就可以建立，各个参数的物理意义很容易理解。

（3）扰动观测器可以有效地抑制扰动，使控制系统能够按照名义模型设计，在控制过程中只加入一个简单控制器就能使系统成为一个低阶的鲁棒系统，控制方法简单。

（4）为了降低系统对扰动的灵敏度，只需提高扰动观测器的阶次即可实现。

应用于永磁同步发电机系统的 SMSPO，是基于自抗扰控制器（active disturbance rejection controller，ADRC）中的非线性扩张状态观测器（nonlinear extended state observer，NLESO）[21]设计的，通过扩张原系统的一阶状态来表示各类扰动和不确定性，进而分析系统的扰动与控制增益之间的关系，最后扰动进行估计并补偿，使观测误差达到最佳收敛。需要说明的是，本书中设计的所有扰动观测器均为 SMSPO，其设计过程见式（2.2.1）～式（2.2.9）。

考虑一个标准 n 阶非线性系统关系式

$$\begin{cases} \dot{x} = Ax + B[a(x) + b(x)u + d(t)] \\ y = x_1 \end{cases} \tag{2.2.1}$$

式中：$x = [x_1, x_2, \cdots, x_n]^T \varepsilon R^n$ 表示系统状态矢量；$u \varepsilon R$ 和 $y \varepsilon R$ 分别为系统输入和输出；$a(x): R^n \mapsto R$ 和 $b(x): R^n \mapsto R$ 为未知光滑函数，二者包含了系统的非线性、参数不确定性、未建模动态；$d(t): R^+ \mapsto R$ 为外部时变干扰。

矩阵 A 和矩阵 B 分别为

$$A = \begin{bmatrix} 0 & 1 & 0 & \cdots & 0 \\ 0 & 0 & 1 & \cdots & 0 \\ \cdots & \cdots & \cdots & \cdots & \cdots \\ 0 & 0 & 0 & \cdots & 1 \\ 0 & 0 & 0 & \cdots & 0 \end{bmatrix}_{n \times n}, \quad B = \begin{bmatrix} 0 \\ 0 \\ \vdots \\ 0 \\ 1 \end{bmatrix}_{n \times 1} \qquad (2.2.2)$$

关系式（2.2.1）的扰动可定义如下[22,23]

$$\psi(x, u, t) = a(x) + [b(x) - b_0]u + d(t) \qquad (2.2.3)$$

式中：常数 b_0 为控制增益。

因此，原始系统关系式（2.2.1）的最后一个状态量 x_n 可重写为

$$\dot{x}_n = a(x) + [b(x) - b_0]u + d(t) + b_0 = \psi(x, u, t) + b_0 u \qquad (2.2.4)$$

定义一个虚拟状态来表示该扰动，即 $x_{n+1} = \psi(x, u, t)$，则原 n 阶系统［式 (2.2.1)］可扩张为如下 $n+1$ 阶增广系统，过程如下

$$\begin{cases} y = x_1 \\ \dot{x}_1 = x_2 \\ \qquad \vdots \\ \dot{x}_n = x_{n+1} + b_0 u \\ \dot{x}_{n+1} = \dot{\psi}(\cdot) \end{cases} \qquad (2.2.5)$$

定义新的状态矢量 $x_e = [x_1, x_2, \cdots, x_n, x_{n+1}]^T$，并作如下三条假设[24,25]：

假设 2.2.1 控制增益 b_0 满足 $|b(x)/b_0 - 1| \leqslant \theta < 1$，其中 θ 为一正常数。

假设 2.2.2 扰动 $\psi(x, u, t): R^n \times R \times R^+ \mapsto R$ 和扰动导数 $\dot{\psi}(x, u, t): R^n \times R \times R^+ \mapsto R$ 满足 $|\psi(x, u, t)| \leqslant \gamma_1$，$|\dot{\psi}(x, u, t)| \leqslant \gamma_2$，且满足 $\psi(0, 0, 0) = 0$，$\dot{\psi}(0, 0, 0) = 0$，其中 γ_1 和 γ_2 为正常数。

假设 2.2.3 参考值 y_d 及其 n 阶导数都是连续且有界的。

考虑最苛刻的情况，即只有一个系统状态量 $y = x_1$ 可测，设计一个 $n+1$ 阶的 SMS-PO 来估计系统状态与扰动，可得[24,25]

$$\begin{cases} \dot{\hat{x}}_1 = \hat{x}_2 + \alpha_1 \tilde{x}_1 + k_1 \mathrm{sat}(\tilde{x}_1, \epsilon_0) \\ \qquad \vdots \\ \dot{\hat{x}}_n = \hat{\psi}(\cdot) + \alpha_n \tilde{x}_1 + k_n \mathrm{sat}(\tilde{x}_1, \epsilon_0) + b_0 u \\ \dot{\hat{\psi}}(\cdot) = \alpha_{n+1} \tilde{x}_1 + k_{n+1} \mathrm{sat}(\tilde{x}_1, \epsilon_0) \end{cases} \qquad (2.2.6)$$

式中：$\mathrm{sat}(\tilde{x}_1, \epsilon_c)$ 为标准向量饱和函数；$\tilde{x}$ 为 x 的估计误差，$\tilde{x} = x - \hat{x}$；$\hat{x}$ 为 x 的

估计值；ϵ_o 表示观测器的层宽系数；$\alpha_i(i=1,2,\cdots,n+1)$ 是 Luenberger 观测器增益，α_i 的选取使多项式 $s^{n+1}+\alpha_1 s^n+\alpha_2 s^{n-1}+\cdots+\alpha_{n+1}=(s+\lambda_a)^{n+1}=0$ 的极点置于复平面左半部的 $-\lambda_a$，则 α_i 选取为

$$\alpha_i = C_{n+1}^i \lambda_a^i, \quad i=1,2,\cdots,n+1 \tag{2.2.7}$$

另外，正常数 k_i 为滑动平面增益，满足

$$k_1 \geqslant |\widetilde{x}_2|^{\max} \tag{2.2.8}$$

比值 $k_i/k_1(i=2,3,\cdots,n+1)$ 的选取使得多项式 $p^n+k_2/k_1 p^{n-1}+\cdots+k_n/k_1 p+k_{n+1}/k_1=(p+\lambda_k)^n=0$ 的极点置于复平面左半部的 $-\lambda_k$，满足

$$\frac{k_{i+1}}{k_1} = C_n^i \lambda_k^i k_1, \quad i=1,2,\cdots,n \tag{2.2.9}$$

其中

$$C_n^i = \frac{n!}{i!(n-i)!}$$

通过上述对 SMSPO 的设计可知，利用 SMSPO 对扰动量和参数变化进行观测，进而利用观测值对其进行前馈补偿，以减小滑模不连续项，从而可以有效地削弱抖振。相较于 ADRC 中的 NLESO，SMSPO 的结构更为简单。为验证其有效性，下面给出了观测误差的收敛性证明。

SMSPO 的观测误差动态方程如下

$$\begin{cases} \dot{\widetilde{x}}_1 = \widetilde{x}_2 - \alpha_1 \widetilde{x}_1 - k_1 \mathrm{sat}(\widetilde{x}_1) \\ \qquad\qquad \vdots \\ \dot{\widetilde{x}}_n = \widetilde{x}_{n+1} - \alpha_n \widetilde{x}_1 - k_n \mathrm{sat}(\widetilde{x}_1) \\ \dot{\widetilde{x}}_{n+1} = -\alpha_{n+1} \widetilde{x}_1 - k_{n+1} \mathrm{sat}(\widetilde{x}_1) + \dot{\psi} \end{cases} \tag{2.2.10}$$

定义滑动平面 $S_{\mathrm{spo}}(\widetilde{x}) = \widetilde{x}_1 = 0$，定义 Lyapunov 函数 $V_{\mathrm{spo}} = \frac{1}{2} S_{\mathrm{spo}}^2$，对于 $\widetilde{x} \nsubseteq S_{\mathrm{spo}}$，如果 $\dot{V}_{\mathrm{spo}} < 0$，则说明滑动平面具有可吸引力，同时该滑动模态的存在需满足

$$\begin{cases} \widetilde{x}_2 \leqslant k_1 + \alpha_1 \widetilde{x}_1, \quad \widetilde{x}_1 > 0 \\ \widetilde{x}_2 \geqslant -k_1 + \alpha_1 \widetilde{x}_1, \quad \widetilde{x}_1 < 0 \end{cases} \tag{2.2.11}$$

达到上述条件则需观测增益 k_1 满足如下条件

$$k_1 \geqslant |\widetilde{x}_2|_{\max} \tag{2.2.12}$$

因此，观测增益 k_1 的值由观测误差 $\widetilde{x}_2$ 决定。基于上述条件，可保证系统在 $t > t_s$ 时进入滑动模态平面，并随后保持于 $S_{\mathrm{spo}} = 0$，$\forall t \geqslant t_s$。

事实上，如果 $\hat{x}_1(t=0)$ 的值可取为 $x_1(t=0)$，那么 SMSPO 的动态可直接从滑动模态开始，从而有 $\dot{S}_{\mathrm{spo}}(\widetilde{x}) = 0$，$\forall t \geqslant t_s$。那么，根据式（2.2.11）的第一个不等式，

使系统保持在 $S_{spo}(\widetilde{x})=0$ 的等效控制，则

$$u_{eq} = \frac{1}{k_1} \widetilde{x}_2 \qquad (2.2.13)$$

将等效控制式（2.2.13）替代式（2.2.10）中的 $\mathrm{sat}(\widetilde{x}_1)$，可得到 SMSPO 的等效观测估计误差如下

$$\dot{\widetilde{x}}_{e1} = \boldsymbol{A}_1 \widetilde{x}_{e1} + \boldsymbol{B}_1 \dot{\psi} \qquad (2.2.14)$$

式中：$\widetilde{x}_{e1} = [\,\widetilde{x}_2 \cdots \widetilde{x}_{n+1}\,]^{\mathrm{T}}$；$n \times n$ 阶矩阵 $\boldsymbol{A}_1$ 与 $n \times 1$ 阶矩阵 $\boldsymbol{B}_1$ 分别为

$$\boldsymbol{A}_1 = \begin{bmatrix} -\dfrac{k_2}{k_1} & 1 & \cdots & \cdots & 0 \\ -\dfrac{k_3}{k_1} & 0 & 1 & \cdots & 0 \\ \vdots & & & & \vdots \\ -\dfrac{k_n}{k_1} & 0 & 0 & \cdots & 1 \\ -\dfrac{k_{n+1}}{k_1} & 0 & 0 & \cdots & 0 \end{bmatrix}, \quad \boldsymbol{B}_1 = \begin{bmatrix} 0 \\ \vdots \\ 0 \\ 1 \end{bmatrix} \qquad (2.2.15)$$

假设观测增益 k_1 的取值对于所有时间 t 均满足条件 [式（2.2.12）]，那么 SMSPO 将保持在滑动模态平面 $\widetilde{x}_1 = 0$ 上，并有 $\dot{\widetilde{x}}_1 = 0$，可得 SMSPO 的滑动模态动态 [式（2.2.14）]，定义观测增益 $k_i(i=2, 3, \cdots, n+1)$ 如下

$$p^n + \frac{k_2}{k_1} p^{n-1} + \cdots + \frac{k_n}{k_1} p + \frac{k_{n+1}}{k_1} = (p + \lambda_k)^n \qquad (2.2.16)$$

定义状态变换

$$\widetilde{x}_i = \lambda_k^{i-2} z_i, \quad i = 2, \cdots, n+1 \qquad (2.2.17)$$

式（2.2.14）可基于新状态 z 重写为

$$z = \lambda_k \boldsymbol{M} z + \boldsymbol{B}_1 \frac{\dot{\psi}}{\lambda_k^{n-1}} \qquad (2.2.18)$$

式中：$z = [\,z_2 \cdots z_{n+1}\,]^{\mathrm{T}}$，且 $n \times n$ 阶矩阵 $\boldsymbol{M}$ 为

$$\boldsymbol{M} = \begin{bmatrix} -C_n^1 & 1 & \cdots & \cdots & 0 \\ -C_n^2 & 0 & 1 & \cdots & 0 \\ \vdots & & & & \vdots \\ -C_n^{n-1} & 0 & 0 & \cdots & 1 \\ -C_n^n & 0 & 0 & \cdots & 0 \end{bmatrix} \qquad (2.2.19)$$

对于式（2.2.19），定义 Lyapunov 函数为

$$W_1 = \frac{1}{\lambda_k} z^{\mathrm{T}} P_1 z \tag{2.2.20}$$

式中：P_1 为 Lyapunov 函数 $P_1 \boldsymbol{M} + \boldsymbol{M}^{\mathrm{T}} P_1 = -I$ 的正定解。

对 W_1 求导，可得

$$\dot{W}_1 = -\parallel z \parallel^2 + 2 z^{\mathrm{T}} \frac{P_1}{\lambda_k} \boldsymbol{B}_1 \frac{\dot{\psi}(\bullet)}{\lambda_k^{n-1}} \tag{2.2.21}$$

考虑到假设式（2.2.2），可得

$$\dot{W}_1 \leqslant -\parallel z \parallel^2 + \frac{2\lambda_{\max}(P_1) \parallel z \parallel \gamma_2}{\lambda_k^n} \tag{2.2.22}$$

选取一个常数 α，其中 $0 < \alpha < 1$，易得

$$\dot{W}_1 \leqslant -\alpha \parallel z \parallel^2，如果 \parallel z \parallel \geqslant \delta_z \tag{2.2.23}$$

式中：$\delta_z = \dfrac{2\lambda_{\max}(P_1)\gamma_2}{(1-\alpha)\lambda_k^n}$ 为一正常数，因为 $\lambda_{\min}(P_1) \parallel z \parallel^2 \leqslant W_1(z) \leqslant \lambda_{\max}(P_1) \parallel z \parallel^2$，应用文献 [26] 中定理 4.1 的推论 4.3 可得，如果 $\parallel z(0) \parallel \geqslant \delta_z$，那么存在 $t_1 > 0$，使得

$$\parallel z(t) \parallel \leqslant \sqrt{\frac{\lambda_{\max}(P_1)}{\lambda_{\min}(P_1)}} \parallel z(0) \parallel \mathrm{e}^{-\frac{\alpha}{(2\lambda_{\max}(P_1))}t}，\forall t < t_1 \tag{2.2.24}$$

以及

$$\parallel z(t) \parallel \leqslant \sqrt{\frac{\lambda_{\max}(P_1)}{\lambda_{\min}(P_1)}} \delta_z，\forall t \geqslant t_1，t_1 \leqslant \frac{2\lambda_{\max}(P_1)}{\alpha} \lg\left(\frac{\parallel z \parallel}{\delta_z}\right) \tag{2.2.25}$$

成立，且由于 λ_k 总是假设取值大于 1，使得

$$\parallel z \parallel \leqslant \parallel \widetilde{x}_{\mathrm{e1}} \parallel \leqslant \lambda_k^{n-1} \parallel z \parallel \tag{2.2.26}$$

因此，可重写 $\widetilde{x}_{\mathrm{e1}}$ 为

$$\begin{cases} \parallel \widetilde{x}_{\mathrm{e1}}(t) \parallel \leqslant \lambda_k^{n-1} \sqrt{\dfrac{\lambda_{\max}(P_1)}{\lambda_{\min}(P_1)}} \parallel \widetilde{x}_{\mathrm{e1}}(0) \parallel \mathrm{e}^{-\frac{\alpha}{2\lambda_{\max}(P_1)}t}，\forall t < t_1 \\[2mm] \parallel \widetilde{x}_{\mathrm{e1}}(t) \parallel \leqslant \lambda_k^{n-1} \sqrt{\dfrac{\lambda_{\max}(P_1)}{\lambda_{\min}(P_1)}} \delta_z，\forall t \geqslant t_1 \\[2mm] t_1 \leqslant \dfrac{2\lambda_{\max}(P_1)}{\alpha} \lg\left(\dfrac{\parallel \widetilde{x}_{\mathrm{e1}}(0) \parallel}{\delta_z}\right) \end{cases} \tag{2.2.27}$$

对于一个给定的正常数 δ，可选取 λ_k 使得下式

$$\delta \geqslant \lambda_k^{n-1} \sqrt{\frac{\lambda_{\max}(P_1)}{\lambda_{\min}(P_1)}} \delta_z = \sqrt{\frac{\lambda_{\max}(P_1)}{\lambda_{\min}(P_1)}} \frac{2\lambda_{\max}(P_1)\gamma_2}{(1-\alpha)\lambda_k} \tag{2.2.28}$$

成立，从而保证能够了观测误差可以指数地收敛至

$$\parallel \widetilde{x}_{\mathrm{e1}} \parallel \leqslant \delta，\quad \forall t > t_1 \tag{2.2.29}$$

特别地，$\mid \widetilde{x}_i \mid \leqslant \dfrac{\delta}{\lambda_k^{n+1-i}} (i=2，\cdots，n+1)，\forall t > t_1$。

最后，为完成上述证明，需确保对于所有 $t>0$，增益 k_1 的选取均满足滑动模态条件（2.2.11），显然

$$\mid \widetilde{x}_2 \mid = \mid z_2 \mid \leqslant \parallel z \parallel \leqslant \sqrt{\frac{\lambda_{\max}(P_1)}{\lambda_{\min}(P_1)}} \parallel z(0) \parallel \leqslant \sqrt{\frac{\lambda_{\max}(P_1)}{\lambda_{\min}(P_1)}} \parallel \widetilde{x}_{\mathrm{el}}(0) \parallel, \forall t>0$$

$$(2.2.30)$$

因此，对于给定的初始观测误差 $\parallel \widetilde{x}(0) \parallel$ 以及所有时间 t 来说，如下增益 k_1 的选取可以满足所假设的滑动模态条件（2.2.11），即

$$k_1 \geqslant \parallel \widetilde{x}_{\mathrm{el}}(0) \parallel \sqrt{\frac{\lambda_{\max}(P_1)}{\lambda_{\min}(P_1)}} \tag{2.2.31}$$

至此，SMSPO 的观测收敛性得证。

需要强调的是，若系统非线性较强，SMSPO 仍然能将其观测出来，这主要需要调节观测器的根 λ_a 和 λ_k 的位置。一般说来，SMSPO 的根越大（即根的位置越靠近复平面左半部分），那么扰动观测的速度也就越快，这同时也会增大控制器输出，某些情况下可能超过控制器的限幅从而无法实现快速精准的扰动观测。对于此类情况，需要增大控制器增益 B_0 来减小控制器输出，而这反过来可能又会降低 SMSPO 的观测速率并增大其观测误差。然而，对于风力发电机而言，其系统非线性并未大到出现上述情况，因此 SMSPO 可以将扰动快速有效地观测出来[23,24]。

2.2.2 控制器设计

基于 SMSPO 设计 POSMC，首先，将发电机非线性、参数不确定以及随机风速聚合成一个扰动，并通过扰动观测器对其进行在线估计，即进行 SMSPO 设计，在式（2.2.1）中已给出设计过程。随后，采用 SMC 对该扰动估计进行实时地完全补偿，以减小控制器中不连续量的幅值，从而减小系统稳态误差并削弱系统固有的抖振现象，实现不同工况下的全局一致性以及各类不确定环境下的鲁棒控制。该控制器的设计能够实现对外部干扰的有效补偿，提高误差收敛速度，并能够在变风速等复杂工况下有效实现永磁同步发电机系统最大功率的渐近跟踪。

首先定义一个估计滑动平面

$$\hat{S}(x,t) = \sum_{i=1}^{n} \rho_i (\hat{x}_i - y_{\mathrm{d}}^{(i-1)}) \tag{2.2.32}$$

式中：ρ_i 为估计滑动平面增益，$\rho_i = C_{n-1}^{i-1} \lambda_{\mathrm{c}}^{n-i}$，$i=1, \cdots, n$。将所有估计滑动平面的极点置于复平面左半部的 $-\lambda_{\mathrm{c}}$，其中 $\lambda_{\mathrm{c}}>0$。

至此，POSMC 可设计为

$$u = \frac{1}{b_0} \Big[y_{\mathrm{d}}^{(n)} - \sum_{i=1}^{n-1} \rho_i (\hat{x}_{i+1} - y_{\mathrm{d}}^{(i)}) - \zeta \hat{S} - \varphi \mathrm{sat}(\hat{S}, \epsilon_{\mathrm{c}}) - \hat{\psi}(\bullet) \Big] \qquad (2.2.33)$$

式中：ζ 代表 POSMC 的控制增益；φ 为跟踪误差收敛系数。

需说明的是，用函数 $\mathrm{sat}(\widetilde{x}_1, \epsilon_{\mathrm{c}})$ 来取代常规 SMC 中的 $\mathrm{sgn}(\widetilde{x}_1)$ 函数，目的是减小不连续性对 POSMC［式（2.2.33）］所造成的抖振影响。

为验证 POSMC 的有效性，如下给出了其跟踪误差的收敛性证明。

估计滑动模态平面如式（2.2.32）所示，其参数 $\rho_i = C_{n-1}^{i-1} \lambda_{\mathrm{c}}^{n-i}$（$i=1，\cdots，n$），实际滑动模态平面为

$$S = \sum_{i=1}^{n} \rho_i (x_i - y_{\mathrm{d}}^{(i-1)}) \qquad (2.2.34)$$

因此，滑动平面估计误差为

$$\widetilde{S} = S - \hat{S} = \sum_{i=1}^{n} \rho_i \widetilde{x}_i \qquad (2.2.35)$$

构建 Lyapunov 函数为

$$V = \frac{1}{2} \hat{S}^2 \qquad (2.2.36)$$

式中：对于所有 $\widetilde{x} \not\subseteq \hat{S}$，如果 $\dot{V} < 0$，则说明该滑动平面具有可吸引力。换句话说，控制率 u 的设计需在一个规定的流形 $|\hat{S}| < \epsilon_{\mathrm{c}}$ 外部使得 $\hat{S}\dot{\hat{S}} < 0$。

对估计滑动平面（2.2.32）求导，并使用等效观测估计误差（2.2.14），可得

$$\dot{\hat{S}} = \hat{\psi}(\bullet) + b_0 u + \frac{k_n}{k_1} \widetilde{x}_2 - y_{\mathrm{d}}^{(n)} + \sum_{i=1}^{n-1} \rho_i \Big(\hat{x}_{i+1} - y_{\mathrm{d}}^{(i)} + \frac{k_i}{k_1} \widetilde{x}_2 \Big) \qquad (2.2.37)$$

将 POSMC（2.2.34）代入式（2.2.38），有

$$\dot{\hat{S}} = \sum_{i=1}^{n-1} \rho_i \frac{k_i}{k_1} \widetilde{x}_2 - \zeta \hat{S} - \varphi \mathrm{sat}(\hat{S}, \epsilon_{\mathrm{c}}) \qquad (2.2.38)$$

因此，估计滑动平面的吸引力可推导如下

$$\zeta \hat{S} + \varphi > \sum_{i=1}^{n-1} \rho_i \frac{k_i}{k_1} |\widetilde{x}_2| \qquad (2.2.39)$$

基于条件（2.2.12），可得到下列关系

$$\zeta \hat{S} + \varphi > k_1 \sum_{i=1}^{n-1} \rho_i \frac{k_i}{k_1} \qquad (2.2.40)$$

要满足关系（2.2.39），需要控制增益 φ 的值满足

$$\varphi > k_1 \sum_{i=1}^{n-1} \rho_i \frac{k_i}{k_1} \qquad (2.2.41)$$

将式（2.2.9）代入式（2.2.41）中可得

17

$$\varphi > k_1 \sum_{i=1}^{n-1} \rho_i C_n^{i-1} \lambda_k^{i-1} \tag{2.2.42}$$

上述条件确保了在边界层 $|\hat{S}| \leqslant \varepsilon_c$ 上滑动平面的存在性。对滑动平面估计误差 [式 (2.2.35)] 求导可得

$$\dot{\widetilde{S}} = \sum_{i=1}^{n-1} \rho_i \widetilde{x}_{i+1} - \sum_{i=1}^{n-1} \rho_i \frac{k_i}{k_1} \widetilde{x}_2 + \widetilde{\psi}(\bullet) \tag{2.2.43}$$

由于 $\hat{S} = S - \widetilde{S}$，可求得基于式 (2.2.38) 的实际滑动模态平面动态方程如下

$$\dot{S} + \left(\zeta + \frac{\varphi}{\epsilon_c}\right) S = \left(\zeta + \frac{\varphi}{\epsilon_c}\right) \sum_{i=1}^{n} \rho_i \widetilde{x}_i + \sum_{i=1}^{n-1} \rho_i \widetilde{x}_{i+1} + \widetilde{\psi}(\bullet) \tag{2.2.44}$$

估计滑动模态平面 $\hat{S}$ 的边界为

$$|\hat{S}| \leqslant \epsilon_c \Rightarrow |S - \widetilde{S}| \leqslant \epsilon_c \Rightarrow |S| \leqslant |\hat{S}| + \epsilon_c \Rightarrow |S| \leqslant \left|\sum_{i=1}^{n} \rho_i \widetilde{x}_i\right| + \varepsilon_c \leqslant \frac{\delta}{\lambda_k^{n+1}} \sum_{i=2}^{n} \rho_i \lambda_k^i + \varepsilon_c,$$

$$\forall t > t_1 \tag{2.2.45}$$

基于边界条件关系式 (2.2.45) 以及参数 ρ_i，状态跟踪的误差可计算如下

$$|x^{(i)}(t) - x_d^{(i)}(t)| \leqslant (2\lambda_c)^i \frac{\varepsilon_c}{\lambda_c^n} + \frac{\delta}{\lambda_k^{n+1}} \sum_{j=2}^{n} \left(\frac{\lambda_k}{\lambda_c}\right)^j C_{n-1}^j, \quad i = 0, 1, \cdots, n-1 \tag{2.2.46}$$

至此，POSMC 的跟踪误差收敛性得证。

综上可知，POSMC 是永磁同步发电机系统控制中切实可行的控制方法，将 POSMC 应用于兼具非线性和不确定性的永磁同步发电机系统的最大功率跟踪，控制器的整体设计如下所述。

首先定义状态变量 $\boldsymbol{x} = [i_d, i_q, \omega_m]^T$ 和输出 $\boldsymbol{y} = [y_1, y_2]^T = [i_d, \omega_m]^T$，则永磁同步发电机系统的状态方程为

$$\dot{\boldsymbol{x}} = \boldsymbol{f}(x) + \boldsymbol{g}_1(x) u_1 + \boldsymbol{g}_2(x) u_2 \tag{2.2.47}$$

其中

$$\boldsymbol{f}(x) = \begin{bmatrix} -\dfrac{R_s}{L_d} i_d + \dfrac{\omega_e L_q}{L_d} i_q \\[2mm] -\dfrac{R_s}{L_q} i_q - \dfrac{\omega_e}{L_q} (L_d i_d + K_e) \\[2mm] \dfrac{1}{J_{tot}} (T_m - T_e) \end{bmatrix}, \quad \boldsymbol{g}_1(x) = \begin{bmatrix} \dfrac{1}{L_d} \\[2mm] 0 \\[1mm] 0 \end{bmatrix}, \quad \boldsymbol{g}_2(x) = \begin{bmatrix} 0 \\[2mm] \dfrac{1}{L_q} \\[1mm] 0 \end{bmatrix} \tag{2.2.48}$$

对输出 $\boldsymbol{y}$ 求导直至控制输入 $\boldsymbol{u} = [u_1, u_2]^T = [U_d, U_q]^T$ 显式出现，有

$$\dot{y}_1 = \frac{1}{L_d} u_1 - \frac{R_s}{L_d} i_d + \frac{\omega_e L_q}{L_d} i_q \tag{2.2.49}$$

$$\ddot{y}_2 = -\frac{pi_q}{J_{tot}L_d}(L_d - L_q)u_1 + \frac{\dot{T}_m}{J_{tot}} - \frac{p}{J_{tot}L_q}[K_e + (L_d - L_q)i_d]u_2 - \frac{pi_q}{J_{tot}L_q}(L_d - L_q)$$

$$(-R_s i_d + L_q \omega_e i_q) + \frac{p}{J_{tot}L_q}[K_e + (L_d - L_q)i_d](L_d \omega_e i_d + R_s i_q + \omega_e K_e) \quad (2.2.50)$$

式（2.2.49）和式（2.2.50）可由如下矩阵表示

$$\begin{bmatrix} \dot{y}_1 \\ \ddot{y}_2 \end{bmatrix} = \begin{bmatrix} h_1(x) \\ h_2(x) \end{bmatrix} + \boldsymbol{B}(x) \begin{bmatrix} u_1 \\ u_2 \end{bmatrix} \quad (2.2.51)$$

其中

$$h_1(x) = -\frac{R_s}{L_d}i_d + \frac{\omega_e L_q}{L_d}i_q \quad (2.2.52)$$

$$h_2(x) = \frac{\dot{T}_m}{J_{tot}} - \frac{pi_q}{J_{tot}L_q}(L_d - L_q)(-R_s i_d + L_q \omega_e i_q)$$

$$+ \frac{p}{J_{tot}L_q}[K_e + (L_d - L_q)i_d](L_d \omega_e i_d + R_s i_q + \omega_e K_e) \quad (2.2.53)$$

$$\boldsymbol{B}(x) = \begin{bmatrix} \dfrac{1}{L_d} & 0 \\[2mm] -\dfrac{pi_q}{J_{tot}L_d}(L_d - L_q) & -\dfrac{p}{J_{tot}L_q}[K_e + (L_d - L_q)i_d] \end{bmatrix} \quad (2.2.54)$$

根据式（2.2.52）～式（2.2.54）中的变量构成可以看出：永磁同步发电机的非线性由 $h_2(x)$ 中的 $\dfrac{\dot{T}_m}{J_{tot}}$，$\dfrac{2pR_s i_q i_d}{J_{tot}L_q}(L_d - L_q)$，$\dfrac{pL_q \omega_e i_q^2}{J_{tot}L_q}(L_d - L_q)$，$\dfrac{pL_d \omega_e i_d^2}{J_{tot}L_q}(L_d - L_q)$ 和 $\dfrac{pK_e \omega_e i_d}{J_{tot}L_q}(L_d - L_q)$ 五项构成；假设永磁同步发电机的系统参数精确值未知，即 R_s、L_q、L_d 与 J_{tot} 四项构成永磁同步发电机的不确定性；随机风速体现于机械转矩一阶导数 $\dot{T}_m = -\dfrac{\rho \pi R^2 C_p(\lambda, \beta) v_{wind}^3}{2\omega_m^2}\dot{\omega}_m$ 中。

控制增益矩阵 $\boldsymbol{B}(x)$ 的逆矩阵计算如下

$$\boldsymbol{B}^{-1}(x) = \begin{bmatrix} L_d & 0 \\[2mm] -\dfrac{i_q L_q(L_d - L_q)}{K_e + (L_d - L_q)i_d} & -\dfrac{J_{tot}L_q}{p[K_e + (L_d - L_q)i_d]} \end{bmatrix} \quad (2.2.55)$$

为确保上述输入—输出的线性化，控制增益矩阵 $\boldsymbol{B}(x)$ 在整个运行范围内必须是可逆的，即

$$\det[\boldsymbol{B}(x)] = -\frac{p[K_e + (L_d - L_q)i_d]}{J_{tot}L_d L_q} \neq 0 \quad (2.2.56)$$

当 $K_e \neq -(L_d - L_q)i_d$ 时，$\boldsymbol{B}(x)$ 总是可逆的。

假设系统所有的非线性和参数均未知，定义 $\psi_1(\bullet)$ 和 $\psi_2(\bullet)$ 为系统关系式（2.2.51）的扰动来表征函数 $h_1(x)$、$h_2(x)$ 以及 $\boldsymbol{B}(x)$ 中所有的非线性和不确定性，可得

$$\begin{bmatrix} \psi_1(\bullet) \\ \psi_2(\bullet) \end{bmatrix} = \begin{bmatrix} h_1(x) \\ h_2(x) \end{bmatrix} + \begin{bmatrix} \boldsymbol{B}(x) - \boldsymbol{B}_0 \end{bmatrix} \begin{bmatrix} u_1 \\ u_2 \end{bmatrix} \tag{2.2.57}$$

其中

$$\boldsymbol{B}_0 = \begin{bmatrix} b_{11} & 0 \\ 0 & b_{22} \end{bmatrix} \tag{2.2.58}$$

式中：b_{11} 和 b_{22} 为常控制增益。由于矩阵 $\boldsymbol{B}_0$ 为对角线形式，因此 d 轴电流和机械转速的控制得以完全解耦，后面的仿真实验结果将验证这一点。

定义跟踪误差 $\boldsymbol{e} = [e_1, e_2]^{\mathrm{T}} = [i_d - i_d^*, \omega_m - \omega_m^*]^{\mathrm{T}}$，可得

$$\begin{bmatrix} \dot{e}_1 \\ \ddot{e}_2 \end{bmatrix} = \begin{bmatrix} \psi_1(\bullet) \\ \psi_2(\bullet) \end{bmatrix} + \boldsymbol{B}_0 \begin{bmatrix} u_1 \\ u_2 \end{bmatrix} - \begin{bmatrix} \dot{i}_d^* \\ \ddot{\omega}_m^* \end{bmatrix} \tag{2.2.59}$$

采用一个二阶 SMSPO 估计扰动 $\psi_1(\bullet)$ 如下

$$\begin{cases} \dot{\hat{i}}_d = \hat{\psi}_1(\bullet) + \alpha_{11}\tilde{i}_d + k_{11}\mathrm{sat}(\tilde{i}_d, \epsilon_0) + b_{11}u_1 \\ \dot{\hat{\psi}}_1(\bullet) = \alpha_{12}\tilde{i}_d + k_{12}\mathrm{sat}(\tilde{i}_d, \epsilon_0) \end{cases} \tag{2.2.60}$$

式中：k_{11}、k_{12}、α_{11} 和 α_{12} 是观测器的增益，均为正常数。

定义状态 $z_{11} = \omega_m$ 以及 $z_{12} = \dot{z}_{11}$，同时，采用一个三阶 SMSPO 估计扰动 $\psi_2(\bullet)$ 如下

$$\begin{cases} \dot{\hat{z}}_{11} = \hat{z}_{12} + \alpha_{21}\tilde{\omega}_m + k_{21}\mathrm{sat}(\tilde{\omega}_m, \epsilon_0) \\ \dot{\hat{z}}_{12} = \hat{\psi}_2(\bullet) + \alpha_{22}\tilde{\omega}_m + k_{22}\mathrm{sat}(\tilde{\omega}_m, \epsilon_0) + b_{22}u_2 \\ \dot{\hat{\psi}}_2(\bullet) = \alpha_{23}\tilde{\omega}_m + k_{23}\mathrm{sat}(\tilde{\omega}_m, \epsilon_0) \end{cases} \tag{2.2.61}$$

式中：观测器增益 k_{21}、k_{22}、k_{23}、α_{21}、α_{22} 和 α_{23} 均为正常数。

式（2.2.51）的估计滑动平面选取为

$$\begin{bmatrix} \hat{S}_1 \\ \hat{S}_2 \end{bmatrix} = \begin{bmatrix} \hat{i}_d - i_d^* \\ \rho_1(\hat{\omega}_m - \omega_m^*) + \rho_2(\dot{\hat{\omega}}_m^* - \dot{\omega}_m^*) \end{bmatrix} \tag{2.2.62}$$

式中：正数 ρ_1 和 ρ_2 代表估计滑动平面增益；$\hat{i}_d$ 与 $\hat{\omega}_m$ 分别代表 d 轴电流与机械转速的估计值。

综上所述，式（2.2.51）的 POSMC 可设计如下

$$\begin{bmatrix} u_1 \\ u_2 \end{bmatrix} = \boldsymbol{B}_0^{-1} \begin{bmatrix} \dot{i}_d^* - \hat{\varphi}_1(\bullet) - \zeta_1 \hat{S}_1 - \varphi_1 \mathrm{sat}(\hat{S}_1, \boldsymbol{\epsilon}_c) \\ \dddot{\omega}_m^* - \hat{\varphi}_2(\bullet) - \rho_1(\dot{\hat{\omega}}_m^* - \dot{\omega}_m^*) - \zeta_2 \hat{S}_2 - \varphi_2 \mathrm{sat}(\hat{S}_2, \boldsymbol{\epsilon}_c) \end{bmatrix} \quad (2.2.63)$$

式中：$\mathrm{sat}(\hat{S}_1, \boldsymbol{\epsilon}_c)$ 为控制器关于滑动平面 1 的函数；$\mathrm{sat}(\hat{S}_2, \boldsymbol{\epsilon}_c)$ 为控制器关于滑动平面 2 的函数；控制增益 ζ_1、ζ_2 和误差跟踪系数 φ_1、φ_2 确保跟踪误差［式（2.2.59）］收敛。

　　需要说明的是，机械转速 ω_m 通过转速计来测量，d 轴电流 i_d 通过电流表测量永磁同步发电机的三相电流后经过派克变换直接可以得到。至此，基于 POSMC 的永磁同步发电机系统整体控制结构如图 2.2.1 所示。可见，POSMC 无需精确的系统模型，仅需测量 d 轴电流 i_d 和机械转速 ω_m 两个状态量即可实现 MPPT 控制。由电流和转速可以通过 SMSPO 估计得到两个扰动值，这两个扰动聚合了系统的所有不确定因素；再通过电流和转速计算出滑动平面，两个扰动估计值通过 POSMC 后输出实际控制电压，输出电压经过 SPWM[27] 后输入到电压源换流器（voltage sourced converter，VSC）中，即实现了永磁同步发电机系统的 MPPT 控制。

　　此控制策略不仅解决了永磁同步风力发电机组中最大功率点跟踪不精确的问题，而且能在各类复杂工况下捕获最大风能，具有较强的鲁棒性，保证了更为合理的控制成本和更优的控制性能。

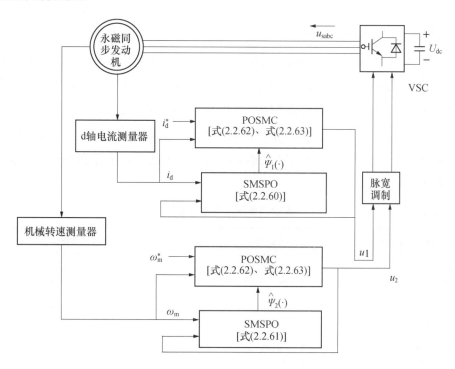

图 2.2.1　永磁同步发电机的整体 POSMC 控制结构图

2.2.3 算例分析

本节将 POSMC 应用于永磁同步发电机中，设计了基于 POSMC 的 MPPT 控制器，以实现永磁同步发电机的 MPPT。为验证该控制器的性能，对阶跃风速、随机风速、发电机参数不确定这三个算例进行研究和分析，对比了 POSMC 与常规控制策略 VC[9] 和 SMC[28] 的有功功率、d 轴电流、机械转速的系统响应情况，突显出 POSMC 优良的控制性能。其中，仿真基于 2.2GHz IntelR CoreTMi7 CPU 和 16GB RAM 配置的个人计算机上运行，模型于 Matlab/Simulink 2016a 搭建，采用固定步长 10^{-5} 与四阶龙格库塔（Runge-Kutta）求解器（本书中无特别注明的所有仿真模型均基于该平台进行）。

其中，VC 的控制参数取自文献 [9]、SMC 的控制参数取自文献 [28]，该两组控制参数均为选取的最优控制参数。同时，为防止控制输入超过 VSC 的最大允许工作容量，控制输入 u_1 和 u_2 的值分别限制在 [-0.6p.u.，0.6p.u.] 和 [-0.8p.u.，0.8p.u.]。表 2.2.1 列出了永磁同步发电机系统参数。

基于文献 [24，25]，对于一阶或二阶系统而言，SMSPO 的根放置于 5～40 之间可获得满意的观测收敛性能。因此，二阶 SMSPO（2.2.60）和三阶 SMSPO（2.2.61）的根分别选取为 $\lambda_{a1}=20$ 和 $\lambda_{a2}=10$[24]。另外，对于 POSMC 参数的选取则是根据试错法得到。具体来说，较大的控制增益 ζ_1、ζ_2、φ_1、φ_2 和 ρ_1 会导致较小的跟踪误差（$I_{error}=IAE_w+IAE_{id}$）与较高的控制成本（$I_{cost}=IAE_{u1}+IAE_{u2}$）。因此，为获得上述矛盾的合理平衡，对上述控制增益在其取值范围内（ζ_1 与 ζ_2：6～20；φ_1 与 φ_2：1～15；ρ_1：60～200）进行多次调试（ζ_1、ζ_2、φ_1、φ_2 每次改变 1，则 ρ_1 每次改变 10），通过不断地仿真对比指标 $I=I_{error}+I_{cost}$，选取指标 I 最小时所对应的控制增益作为 POSMC 的参数，最终选取结果见表 2.2.2。

表 2.2.1　　　　　　　　　　　永磁同步发电机系统参数

参数名称	参数变量及单位	参数值	参数名称	参数变量及单位	参数值
发电机额定功率	P_{base}(MW)	2	磁通	K_e(V·s/rad)	136.25
风轮机半径	R(m)	39	极对数	p(对)	11
d 轴定子电感	L_d(mH)	5.5	空气密度	ρ(kg/m³)	1.205
q 轴定子电感	L_q(mH)	3.75	额定风速	v_{wind}(m/s)	12
总惯性系数	J_{tot}(kg·m²)	10000	定子电阻	R_s(μΩ)	50

表 2.2.2　　　　　　　　　　　　　　**POSMC 参数**

控制名称	参数值
d 轴电流控制	$b_{11}=-1500$，$\zeta_1=10$，$\varphi_1=8$，$\alpha_{11}=40$，$\alpha_{12}=400$，$k_{11}=15$，$k_{12}=600$，$\varepsilon_o=0.2$，$\varepsilon_c=0.2$
机械转速控制	$b_{22}=-3000$，$\zeta_2=15$，$\varphi_2=12$，$\rho_1=150$，$\rho_2=1$，$\alpha_{21}=30$， $\alpha_{22}=300$，$\alpha_{23}=1000$，$k_{21}=20$，$k_{22}=600$，$k_{23}=6000$

需说明的是，由于永磁同步发电机系统的所有参数都已经被归纳入扰动中，不同的永磁同步发电机参数仅会导致该扰动幅值产生变化。实际中，不同机型的永磁同步发电机的参数变化幅值并未大到可以对扰动整体产生数量级的改变。因此，使用同样的一组扰动观测器参数即可快速且精准地将扰动实时估计出来。因此，POSMC 参数不需要根据不同永磁同步发电机系统参数而调整，该设计可直接应用于其他机型的永磁同步发电机系统中。

1. 阶跃风速

一般情况下，3 级风速（3.4～5.4m/s）就有利用的价值，但从经济合理的角度出发，风速高于 4m/s 时才利于风力发电机组发电，故 4m/s 为准许风机并网的切入风速。另外，由于高风速时更易遇到强烈的风速波动，且高风速下风能的获取会受到机组性能的限制，因此，风力发电机组的额定风速不应过低和过高。在整个算例分析中，所研究的对象，即永磁同步发电机系统的额定功率为 2MW，其额定风速为 12m/s。因此，在整个算例研究中，以及 2.3 节针对该永磁同步发电机系统设计的另一种控制策略，算例分析中选取的最小测试风速均需不小于 4m/s，最大测试风速均需不大于 12m/s。

在该算例下，模拟 0～25s 时间内一组范围为 4～12m/s 的连续阶跃风速进行测试，风速改变斜率为 $10m/s^2$，同时对系统施加一个 d 轴参考电流阶跃变化。风速变化曲线如图 2.2.2 所示，图 2.2.3 所示为阶跃风速下各控制器的系统响应。

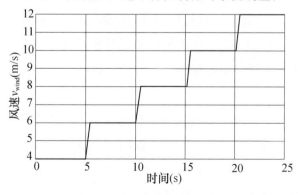

图 2.2.2　阶跃风速变化曲线

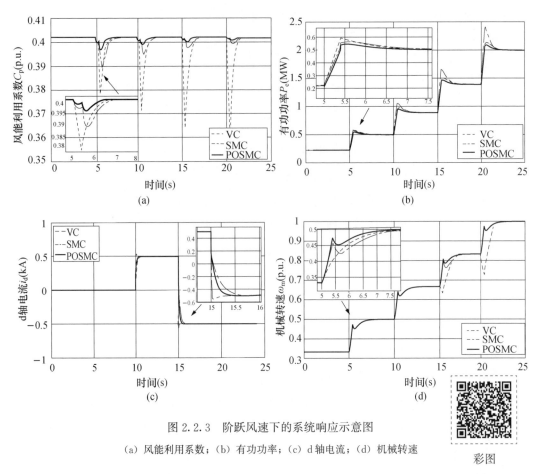

图 2.2.3　阶跃风速下的系统响应示意图

（a）风能利用系数；（b）有功功率；（c）d 轴电流；（d）机械转速

彩图

　　图 2.2.3（a）所示为风速阶跃变化时，系统风能利用系数的变化过程，表示了永磁同步发电机将风能转化成电能的转换效率。从图 2.2.3（a）中可以看出，在所有控制器中，POSMC 始终接近最优风能利用系数 0.402p.u.，而且在每一个风速突变时刻，风能利用系数的跌落程度愈加减缓，同时以最快速率恢复到最优风能利用系数附近，说明 POSMC 的鲁棒性在适应风速变化的过程中逐渐增强，POSMC 能以一个更高且更为稳定的风电转换效率输出电能。而 VC 的风能利用系数受风速突变的影响最为严重，且 VC 在每一个风速突变时刻的风能利用系数的跌落程度逐渐增加，在 20s 时甚至跌落至 0.356p.u.。

　　图 2.2.3（b）所示为风速阶跃变化时，系统有功功率的变化过程。从图中可以看出，与 SMC 和 POSMC 相比，VC 在不同风速下均产生最大的有功功率超调量。超调量是衡量控制系统品质的一大指标，表示被调参数动态偏离给定值的最大程度。超调量越大，系统偏离生产规定的状态越远。由图 2.2.3（b）可知，VC 在风速从 4m/s 上升到 6m/s 这一过程中超调量较小；然而在风速从 10m/s 上升到 12m/s 这一过程中超调量开

始明显增大。特别地，到了第三次风速阶跃变化，即风速从 20m/s 上升到 22m/s 这一过程中，VC 产生的有功功率超调量达到了 2.4MW，而 POSMC 在此过程中的超调量为 2.1MW，SMC 为 2.16MW。

VC 所产生的较大超调量主要是由于其控制参数的选取是基于对非线性永磁同步发电机在某一特定运行点进行线性化后得到的，随着运行点的改变，其控制性能将不可避免地降低。SMC 将永磁同步发电机的所有非线性与不确定性（扰动）的上限值进行完全补偿，可实现控制全局一致性，因此产生的超调量比 VC 小很多。但由于 SMC 的补偿扰动上限值也会产生较大的超调量，而该上限值在实际中往往不会达到，因此其控制性能存在过保守的问题。相反地，POSMC 实时补偿扰动估计值，因此实现控制全局一致性的同时有效解决 SMC 过保守的问题，从而产生最小的超调量。

图 2.2.3（c）、（d）所示分别为 d 轴电流（无功功率）和机械转速的变化过程。从图 2.2.3（c）中可以看出，各控制器均可有效地控制 d 轴电流，它们的 d 轴电流控制与机械转速控制完全解耦，因此，阶跃风速的改变仅会导致转速改变而不会影响 d 轴电流。从图 2.3.3（d）所给出的机械转速变化可见，在风速阶跃变化时，VC 的机械转速降低较为显著，而 POSMC 的转速能很好地维持在工作点转速，转速误差相比于 VC 和 SMC 而言最小。而且 POSMC 的响应速度最快，能在风速突变时最快地跟踪到最佳转速，说明 POSMC 可在无电流超调量的同时以最快速度追踪其参考值。从整体上来看，三种控制的控制效果总趋势还是一致的，即机械转速有一个暂时的跌落随后上升直至收敛到新的运行点。

2. 随机风速

该算例下，模拟在 0～25s 时间内的一组变化范围为 7～11m/s 的随机风速进行测试，随机风速变化曲线如图 2.2.4 所示，各控制器的系统响应如图 2.2.5 所示。

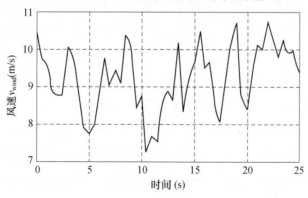

图 2.2.4　随机风速变化曲线

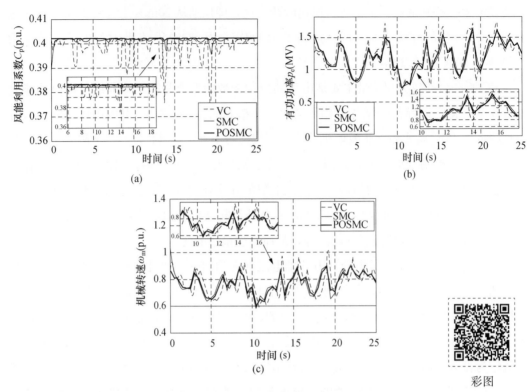

图 2.2.5　随机风速下的系统响应示意图

(a) 风能利用系数；(b) 有功功率；(c) 机械转速

　　图 2.2.5 （a） 所示为风速随机变化时，永磁同步发电机系统风能利用系数的变化过程。从图中可以看出，在所有控制器中，POSMC 在随机风速下可保持最佳的风能利用系数 0.402p. u. ，且变化曲线最为稳定，近似为一条平滑的直线，这是因为随机风速可通过 SMSPO 实时估计后由 POSMC 进行完全补偿。因此，在随机风速下，POSMC 能以一个更高且更为稳定的风电转换效率输出电能，获取最大功率。而 VC 受随机风速影响，其风能利用系数的变化频繁且尤为显著，特别地，在 19s 时跌落至 0.368p. u. 。

　　图 2.2.5 （b） 所示为风速随机变化时，系统有功功率的变化过程。从图中可以看出，与 SMC 和 POSMC 相比，VC 在风速随机突变时同样产生最大的有功功率超调量。SMC 和 POSMC 将永磁同步发电机的所有非线性与不确定性（扰动）的上限值进行补偿，可实现控制全局一致性，因而有功功率超调量与 VC 相比小得多。在 0.3s 时，POSMC 产生的超调量比 VC 小 14.3%，因而 POSMC 的鲁棒性较强。

　　图 2.2.5 （c） 所示为风速随机变化时，系统机械转速的变化过程，机械转速的变化过程与有功功率变化过程近似。

3. 发电机参数不确定

永磁同步发电机受测量误差影响而引起的参数不确定性，会对系统的运行和控制带来一定程度的不精确性和不稳定性，自然会引起控制性能的下降。导致测量误差的原因有发电机周围环境温度、运行时长、测量仪器自然误差以及人为测量误差等。由于定子电阻的变化受周围环境温度影响较大，而定子电阻的值直接影响发电机转矩的变化，进而影响控制器对转子角速度的估计值，因而对控制结果的影响较大。而互感的不确定性会同时影响转子角速度和无功功率的控制，因此本算例将发电机定子电阻 R_s 和 d 轴电感 L_d 参数作为不确定性变量，来测试各控制器在发电机参数不确定，即有误差情况下的鲁棒性能，即研究定子电阻 R_s 和互感 L_m 在标称参数附近产生 $\pm20\%$ 的测量误差对永磁同步发电机系统动态响应的影响。系统在额定风速下增加 1m/s 的风速阶跃后，有功功率变化峰值 $|P_e|$ 对比如图 2.2.6 所示。

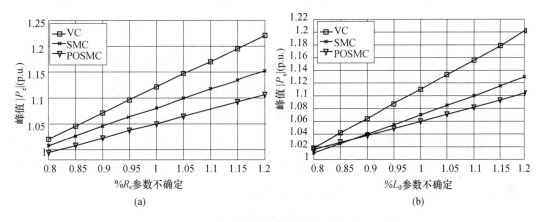

图 2.2.6　有功功率变化峰值 $|P_e|$ 对比图

（a）发电机定子电阻 R_s 不确定；（b）发电机 d 轴电感 L_d 不确定

由图 2.2.6 可知，VC、SMC 和 POSMC 的 $|P_e|$ 分别是 16.1%、10.4% 和 7.8%。可见，VC、SMC 的有功功率变化峰值 $|P_e|$ 均高于 POSMC，因此相较于另外两种控制，POSMC 在发电机定子电阻 R_s 和 d 轴电感 L_d 变化过程中的有功功率变化最小，即 POSMC 受发电机参数不确定性的影响最小，具有最强的鲁棒性。

4. 定量分析

表 2.2.3 列出了不同算例下各控制器的绝对值误差积分指标（integral of absolute error，IAE），其中，$\text{IAE}_x = \int_0^T |x - x^*| \, \mathrm{d}t$，$x^*$ 是变量 x 的参考值。该指标广泛应用于控制误差的定量分析中，描述在一段时间 T 内被控量相较于其参考值的误差积累。两种算例下的仿真时间 $T=25\text{s}$。由表 2.2.3 可以看出，在不同算例下，POSMC 的机械转速

和 d 轴电流的 IAE 指标均为最低。特别地，在阶跃风速下，POSMC 的机械转速 IAE 值分别为 VC 和 SMC 的 52.40% 和 70.83%；在随机风速下，POSMC 的机械转速 IAE 值分别为 VC 和 SMC 的 47.86% 和 55.57%。

表 2.2.3   不同算例下各控制器的 IAE 指标（p. u.）

算例	阶跃风速	随机风速	算例	阶跃风速	随机风速
控制器	机械转速 $\mathrm{IAE_w}$		控制器	d 轴电流 IAE_{id}	
VC	1.46×10^{-1}	6.77×10^{-1}	VC	1.58×10^{-2}	6.48×10^{-3}
SMC	1.08×10^{-1}	5.83×10^{-1}	SMC	1.31×10^{-2}	4.17×10^{-3}
POSMC	7.65×10^{-2}	3.24×10^{-1}	POSMC	9.85×10^{-3}	2.42×10^{-3}

最后，研究两种算例下控制器所需的总控制成本。在实现最优 MPPT 控制的前提下，要求各控制器所需的总控制成本最小。这样，永磁同步发电机系统将通过最小的控制成本获得最高的功率输出。该控制成本是通过求取 IAE_x 来实现在每一种算例下的控制器输出在时间上的积累值，即 $\int_0^T (|u_1| + |u_2|) \mathrm{d}t$ 最小。控制成本反映了在每一种算例下，控制器的整体控制输出电压，其值越低表明需要的总控制电压越低，反之亦然。对控制器的控制成本采用标幺值进行计算，其中基准值选取 $u^{\mathrm{lim}} = 1.0 \mathrm{p. u.}$。

不同算例下各控制器所需的总控制成本见表 2.2.4。由表可知，POSMC 在不同算例中均只需最低的控制成本，这是由于 POSMC 采用扰动实时估计值进行补偿，从而避免了 SMC 采用扰动最大值进行补偿所带来的过保守性。

表 2.2.4   两种算例下不同控制器所需的总控制成本（p. u.）

算例	阶跃风速	随机风速
控制器	总控制成本	
VC	3.216	7.574
SMC	3.815	7.368
POSMC	2.762	6.216

2.2.4 讨论

在滑模面的左右两侧各定义一个超平面，滑模面和超平面所包围的区域称为边界层，在边界层的内部，POSMC 利用饱和函数 $\mathrm{sat}(\tilde{x}_1, \epsilon_c)$ 代替常规的符号函数 $\mathrm{sgn}(\tilde{x}_1)$，是因为在现实控制系统中，由符号函数 $\mathrm{sgn}(\tilde{x}_1)$ 构成的非线性控制输入项中不可能存在无限大的切换频率，并且切换装置总存在着一定的时间滞后，会带来严重的抖振问题。然而，

饱和函数 $\mathrm{sat}(\widetilde{x}_1, \epsilon_c)$ 能进行准确的转速估算, 可有效减小其不连续性对 POSMC 所造成的抖振影响, 较好地解决了平滑抖振和保证估计精度之间的矛盾, 同时提高了系统的响应速度。

饱和函数 $\mathrm{sat}(\widetilde{x}_1, \epsilon_c)$ 表示为

$$\mathrm{sat}(\widetilde{x}_1, \epsilon_c) = \begin{cases} +1, S > \epsilon_c \\ S/\epsilon_c, \ |S| \leqslant \epsilon_c \\ -1, S < -\epsilon_c \end{cases} \tag{2.2.64}$$

如图 2.2.7 所示, 在边界层外部, 饱和函数 $\mathrm{sat}(\widetilde{x}_1, \epsilon_c)$ 与符号函数 $\mathrm{sgn}(\widetilde{x}_1)$ 的作用相同; 在边界层的内部, 饱和函数 $\mathrm{sat}(\widetilde{x}_1, \epsilon_c)$ 使系统变得连续, 因此可达到削弱抖振的目的, 但在某种程度上也降低了系统的抗扰特性。

一般说来, 在非连续情况下, 亦可利用滞环函数 $\mathrm{hys}(S)$ 来代替符号函数, 通过减少系统在滞后区域中的切换频率, 以抑制抖振现象。滞环函数的定义如下[29]

$$\mathrm{hys}(S) = f_1(S)\dot{S}_+ + f_2(S)\dot{S}_- \tag{2.2.65}$$

式中: S 为滞环输入; $\mathrm{hys}(S)$ 为滞环输出; $\dot{S}_+ = \max[0, \dot{S}]$, $\dot{S}_- = \min[0, \dot{S}]$; $f_1(S)$ 与 $f_2(S)$ 为分段光滑、单调不减的奇函数, 并且在实数范围内是有限的。

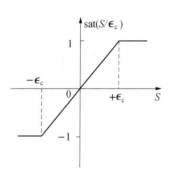

图 2.2.7 饱和函数曲线

滞环函数 $\mathrm{hys}(S)$ 的曲线形状如图 2.2.8 所示。其中, D 为调节量。这种对 $S = 0$ 的滞环特性使得系统控制在 $S = 0$ 之上不存在滑模控制的切换。相反, 却可以在 $S = \pm D$ 之上进行切换, 从而在滞后区域 $S = \pm D$ 之中产生抖振。相比之下, 控制过程在滞后区域 $S = \pm D$ 上切换的次数要明显少于 $S = 0$ 上的切换次数, 从而减少了抖振的次数。具体示意图如图 2.2.9 所示。因此, 滞环函数通过减少系统在滞后区域中的切换频率和缩小滞后区域范围, 可以降低抖振频率和减小抖振幅度, 从而达到降低系统抖振的目的。

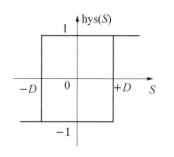

图 2.2.8 滞环函数曲线

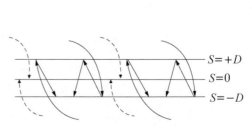

图 2.2.9 滞环函数切换示意图

用滞环函数来取代符号函数时，其 POSMC 控制器控制函数如下

$$\begin{bmatrix} u_1 \\ u_2 \end{bmatrix} = \boldsymbol{B}_0^{-1} \begin{bmatrix} \dot{i}_d^* - \hat{\varphi}_1(\bullet) - \zeta_1 \hat{S}_1 - \varphi_1 \text{hys}(\hat{S}_1) \\ \dddot{\omega}_m^* - \hat{\varphi}_2(\bullet) - \rho_1(\dot{\hat{\omega}}_m^* - \dot{\omega}_m^*) - \zeta_2 \hat{S}_2 - \varphi_2 \text{hys}(\hat{S}_2) \end{bmatrix} \tag{2.2.66}$$

图 2.2.10 给出了在阶跃风速下分别采用饱和函数的 POSMC［式（2.2.63）］与采用滞环函数的 POSMC［式（2.2.66）］仿真分析。其中，滞环函数的调节宽度 $D=0.2$ 与饱和函数的宽度保持一致，其余所有控制器参数均相同，从而确保对比的公平性。由图 2.2.10 可见，采用饱和函数的控制性能略优于采用滞环函数的控制性能，因此本书采用饱和函数来抑制控制器的抖振。

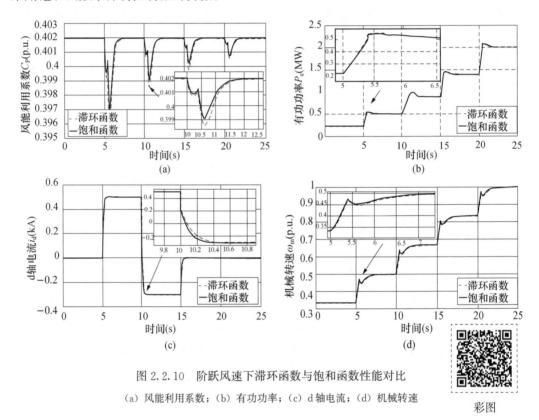

图 2.2.10　阶跃风速下滞环函数与饱和函数性能对比

（a）风能利用系数；（b）有功功率；（c）d 轴电流；（d）机械转速

彩图

2.2.5　硬件在环实验

为验证所提控制算法的可行性，在 dSpace 平台上进行硬件在环（hardware-in-loop，HIL）实验。HIL 实验是以实时处理器运行仿真模型来模拟受控对象的运行状态，通过 I/O 接口与被测的 ECU 连接，对被测 ECU 进行全方位的、系统的测试。从安全性、可行性和合理的成本上考虑，HIL 已经成为控制系统设计中非常重要的一环。HIL 系统主要由三部分组成，即硬件平台、实验管理软件和实时软件模型。在本实验中，控

制器［式（2.2.63）］置于 dSpace 的 DS1104 平台，其采样频率为 $f_c=1\text{kHz}$，永磁同步发电机系统则置于 dSpace 的 DS1006 平台，其采样频率为 $f_s=50\text{kHz}$，旨在使 HIL 可以最大限度地模拟实际发电机[30,31]。POSMC 的 HIL 系统框架如图 2.2.11 所示。另外，图 2.2.12 为 POSMC 的 HIL 硬件实验平台。

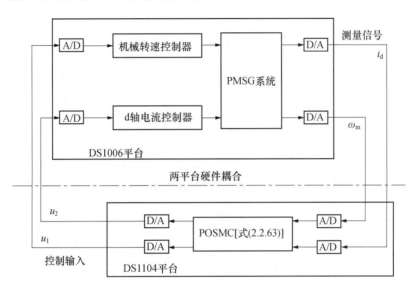

图 2.2.11 POSMC 的 HIL 系统框架

首先测试 POSMC 在阶跃风速下的控制性能，系统响应如图 2.2.13 所示。由图可知，POSMC 可较好地追踪阶跃风速下的最大功率，HIL 实验结果与仿真结果有较高的拟合度。

随后测试 POSMC 在随机风速下的控制性能，系统响应如图 2.2.14 所示。由图可知，POSMC 可在随机风速下有效地捕获最大风能，HIL 实验结果与仿真结果十分接近。

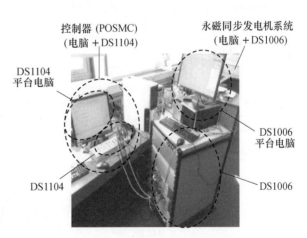

图 2.2.12 POSMC 的 HIL 实验平台

至此，上述 HIL 实验结果有效验证了 POSMC 的可行性。

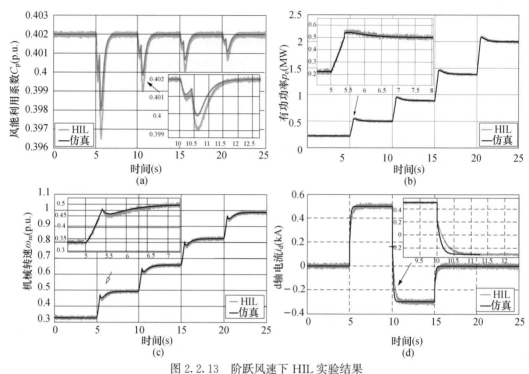

图 2.2.13　阶跃风速下 HIL 实验结果
（a）风能利用系数；（b）有功功率；（c）d 轴电流；（d）机械转速

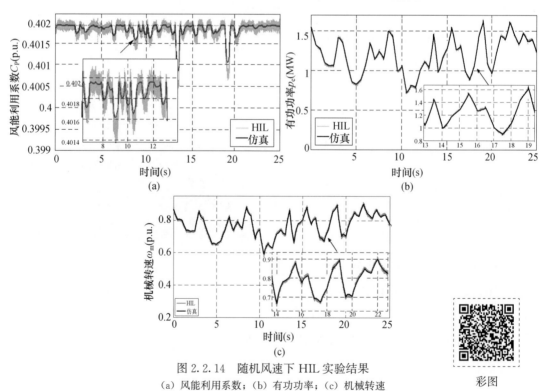

图 2.2.14　随机风速下 HIL 实验结果
（a）风能利用系数；（b）有功功率；（c）机械转速

彩图

需要注意的是，虽然 HIL 实验结果与仿真结果十分接近，但实际上，曲线并没有完全拟合，仍存在一定差异，本书中所做的所有 HIL 试验均如此。HIL 实验结果与仿真结果存在差异主要有以下三个原因：

（1）HIL 实验中机械转速与 d 轴电流信号测量过程的外部环境噪声导致的误差。

（2）仿真中永磁同步发电机与控制器具有相同的采样频率，而在 HIL 实验中控制器与永磁同步发电机采用了不同的采样频率，且控制器的采样频率（f_c＝1kHz）远低于永磁同步发电机的采样频率（f_s＝50kHz）。

（3）HIL 实验中控制信号传输具有延时，而在仿真实验中无延时。

2.2.6 小结

本节设计了 POSMC，用于实现永磁同步发电机的 MPPT，并建立了相应的仿真模型，在此模型的基础上进行了仿真实验和 HIL 实验研究，有诸多贡献点和创新点，主要可概括为以下五个方面：

（1）相较于依赖精确系统模型的控制策略而言，POSMC 无需精确的系统模型。通过对永磁同步发电机的非线性、参数不确定性以及随机风速进行实时完全补偿，可显著提高永磁同步发电机的系统鲁棒性。

（2）相较于 ADRC 中的 NLESO 设计，SMSPO 的结构更简单，且其收敛性证明也更容易，SMSPO 的观测收敛性与 POSMC 的跟踪误差收敛性在本节均得以证明。

（3）从控制成本来说，POSMC 与常规 SMC 不同的是：SMC 补偿的是扰动上限值，而 POSMC 补偿的是扰动实时估计值，从而有效避免了常规 SMC 过于保守的缺陷，因此 POSMC 能获得更为合理的控制成本与更优的控制性能。

（4）相较于实际电机控制中广泛采用的常规线性 PID 控制而言，POSMC 仅需测量机械转速和 d 轴电流而无需测量 q 轴电流，同时，POSMC 完全补偿了永磁同步发电机的非线性，因此可获得在不同工况下全局一致的控制性能。

（5）基于 dSpace 的 HIL 实验有效验证了 POSMC 的硬件实施可行性。

另外需要注意的是，POSMC 将系统所有的非线性当作扰动来处理，某些情况下可能会降低系统性能。这是由于某些系统非线性可能对系统性能有利，从而应该保留而非不顾其实际作用将其完全补偿。但是，本节设计 POSMC 的主要目的是实现永磁同步发电机系统在不同工况下的控制全局一致性并大幅提高在各类不确定性下的系统鲁棒性。另外，通过采用扰动观测器来对扰动进行在线估计，在控制器设计中仅需补偿扰动的估计值，而非常规 SMC 中所需的扰动最大值，从而在一定程度上解决了常规 SMC 过于保守的缺陷，获得更为合理的控制成本。综上所述，尽管 POSMC 将系统中的非线性全部处理的做法会在某些情况下降低系统性能，但是其所能提供的显著的系统鲁棒性对于永磁同步发电机系统的稳定运行来说显得更为重要。

2.3 无源滑模控制

PSMC 是应用于永磁同步发电机系统的另一种控制策略。SMC 能够有效地提高系统的鲁棒性和快速性，事实上，简单的 SMC 并未考虑被控系统的物理特性，其设计主要基于纯粹的数学理论。然而，在实际工程中，被控系统的某些非线性可能对系统的动态性能具有有益影响而应该予以保留，而非简单地、无区别地进行完全补偿。本章 2.2 节设计的 POSMC，将系统的非线性进行了完全补偿，虽然能得到控制的全局一致性和较强的鲁棒性，但某些情况下可能会降低系统性能。因此，为有效改善系统动态响应性能，本节将 PBC[32-34] 与 SMC 结合，提出了一种新型滑模控制策略，即 PSMC，并将其应用于永磁同步发电机系统的最大功率跟踪，以期获得优良的 MPPT 控制性能。

2.3.1 控制器设计

基于 PSMC 的 MPPT 控制器，是结合了无源控制理论和滑模控制理论的优点而设计的一种非线性鲁棒控制器。该控制器设计主要分为两部分：一是无源控制设计部分，此部分将系统的所有非有益项完全补偿，此做法类似于 FLC，但是保留了系统有益项以改善系统的动态响应；二是滑模控制设计部分，即附加控制，此部分类似于 SMC 的滑模附加控制用以提高系统的鲁棒性。该设计过程主要有三个设计阶段，分别是构建能量函数、保留有益项、设计附加控制输入来重塑能量函数。

1. 无源控制设计

基于无源控制理论，先利用跟踪误差来构建永磁同步发电机的能量函数，再对能量函数求导，以保留有益项并补偿非有益项。能量函数是系统被控变量误差平方之和，即被控变量的整体控制误差。

首先定义状态变量 $\boldsymbol{x} = [i_d, \ i_q, \ \omega_m]^T$ 以及输出 $\boldsymbol{y} = [y_1, \ y_2]^T = [i_d, \ \omega_m]^T$，则永磁同步发电机系统的状态方程为

$$\dot{x} = f(x) + g_1(x)u_1 + g_2(x)u_2 \tag{2.3.1}$$

对输出 $\boldsymbol{y}$ 求导直至控制输入 $\boldsymbol{u} = [u_1, \ u_2]^T = [U_d, \ U_q]^T$ 显式出现，可得

$$\dot{y}_1 = \frac{1}{L_d}u_1 - \frac{R_s}{L_d}i_d + \frac{\omega_e L_q}{L_d}i_q \tag{2.3.2}$$

$$\ddot{y}_2 = -\frac{p i_q}{J_{tot}L_d}(L_d - L_q)u_1 + \frac{\dot{T}_m}{J_{tot}} - \frac{p}{J_{tot}L_q}[K_e + (L_d - L_q)i_d]u_2 - \frac{p i_q}{J_{tot}L_q}(L_d - L_q)$$

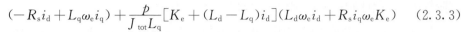

$$(-R_s i_d + L_q \omega_e i_q) + \frac{p}{J_{tot}L_q}[K_e + (L_d - L_q)i_d](L_d \omega_e i_d + R_s i_q \omega_e K_e) \quad (2.3.3)$$

式（2.3.2）、式（2.3.3）可表示为如下矩阵形式

$$\begin{bmatrix} \dot{y}_1 \\ \ddot{y}_2 \end{bmatrix} = \begin{bmatrix} h_1(x) \\ h_2(x) \end{bmatrix} + \boldsymbol{B}(x) \begin{bmatrix} u_1 \\ u_2 \end{bmatrix} \quad (2.3.4)$$

其中

$$h_1(x) = -\frac{R_s}{L_d}i_d + \frac{\omega_e L_q}{L_d}i_q \quad (2.3.5)$$

$$h_2(x) = \frac{\dot{T}_m}{J_{tot}} - \frac{p i_q}{J_{tot}L_q}(L_d - L_q)(-R_s i_d + L_q \omega_e i_q)$$
$$+ \frac{p}{J_{tot}L_q}[K_e + (L_d - L_q)i_d](L_d \omega_e i_d + R_s i_q + \omega_e K_e) \quad (2.3.6)$$

$$\boldsymbol{B}(x) = \begin{bmatrix} \dfrac{1}{L_d} & 0 \\ -\dfrac{p i_q}{J_{tot}L_d}(L_d - L_q) & -\dfrac{p}{J_{tot}L_q}[K_e + (L_d - L_q)i_d] \end{bmatrix} \quad (2.3.7)$$

控制增益矩阵 $\boldsymbol{B}(x)$ 的逆矩阵计算如下

$$\boldsymbol{B}^{-1}(x) = \begin{bmatrix} L_d & 0 \\ -\dfrac{i_q L_q(L_d - L_q)}{K_e + (L_d - L_q)i_d} & -\dfrac{J_{tot}L_q}{p[K_e + (L_d - L_q)i_d]} \end{bmatrix} \quad (2.3.8)$$

对于式（2.3.4），构造能量函数如下

$$H(i_d, \omega_m, T_e, T_m) = \underbrace{\frac{1}{2}(i_d - i_d^*)^2}_{\text{虚拟单位电阻发热}} + \underbrace{\frac{1}{2}(\omega_m - \omega_m^*)^2}_{\text{机械转轴系统功能}} + \underbrace{\frac{1}{2}\left(\frac{T_m - T_e}{J_{tot}} - \dot{\omega}_m^*\right)^2}_{\text{加速转矩能量}}$$

$$(2.3.9)$$

式中：i_d^*、ω_m^* 和 $\dot{\omega}_m^*$ 分别为 d 轴电流参考值、机械转速参考值和机械转速一阶导数参考值。$H(i_d，\omega_m，T_e，T_m)$ 的物理意义可视为 d 轴电流流经一虚拟单位电阻（$r=1\Omega$）的发热、机械转轴系统动能以及加速转矩能量之和。

一般来说，能量函数的构造通常至少需要选取所有被控变量控制误差的平方和，以保证能量函数在降低到 0 时控制误差为 0。然而，对于二阶以上的动态，仅通过上述构造系统的动态响应可能欠佳，因此对于无源控制设计来说一般还会包含被控变量的一阶导数控制误差的平方。由式（2.3.9）可见，第一项即为 d 轴电流的控制误差平方，第二项为机械转速的控制误差平方，第三项为机械转速一阶导数的误差平方。特别地，由于 d 轴电流动态阶数为 1，故在构造能量函数时无需包含其一阶导数项，而机械转速动态阶数为 2，因此构造能量函数时包含其一阶导数项。

另外，各个成分通常选取固定的 1/2 作为每一项的权重，这样可方便后续能量函数求导后非有益项的补偿，因此并没有权重问题。上述原则具有通用性，具体理论分析可见参考文献 [32 - 34]。

接着，对能量函数 $H(i_d, \omega_m, T_e, T_m)$ 求导，可得

$$\dot{H}(i_d, \omega_m, T_e, T_m) = (i_d - i_d^*)\left(\frac{1}{L_d}u_1 - \frac{R_s}{L_d}i_d + \frac{\omega_e L_q}{L_d}i_q - \dot{i}_d^*\right) + \left(\frac{T_m - T_e}{J_{tot}} - \dot{\omega}_m^*\right)$$

$$\left\{-\ddot{\omega}_m^* - \frac{pi_q}{J_{tot}L_d}(L_d - L_q)u_1 + \frac{\dot{T}_m}{J_{tot}} - \frac{p}{J_{tot}L_q}[K_e + (L_d - L_q)i_d]u_2 - \frac{pi_q}{J_{tot}L_q}(L_d - L_q)\right.$$

$$\left.(-R_s i_d + L_q \omega_e i_q) + \omega_m - \omega_m^* + \frac{p}{J_{tot}L_q}[K_e + (L_d - L_q)i_d](L_q \omega_e i_d + R_s i_q + \omega_e K_e)\right\}$$

$$(2.3.10)$$

针对永磁同步发电机系统 [式 (2.3.4)] 所设计 PSMC 如下

$$u_1 = -\omega_e L_q i_q + R_s i_d^* + L_d \dot{i}_d^* + \nu_1 \tag{2.3.11}$$

$$u_2 = -\frac{L_q i_q(L_d - L_q)}{K_e + (L_d - L_q)i_d}u_1 + \frac{J_{tot}L_q}{p[K_e + (L_d - L_q)i_d]}$$

$$\left\{\ddot{\omega}_m^* - \omega_m + \omega_m^* - \frac{\dot{T}_m}{J_{tot}} + \frac{pi_q}{J_{tot}L_q}(L_d - L_q)\right.$$

$$(-R_s i_d + L_q \omega_e i_q) - \frac{p}{J_{tot}L_q}[K_e + (L_d - L_q)i_d]$$

$$\left.(L_q \omega_e i_d + \omega_e K_e) - \frac{R_s}{J_{tot}L_q}T_m + \frac{R_s}{L_q}\dot{\omega}_m^* + \nu_2\right\} \tag{2.3.12}$$

式中：ν_1 和 ν_2 为附加控制输入。

将式 (2.3.11) 和式 (2.3.12) 代入能量函数一阶导数 (2.3.10) 中，并考虑机械转轴动态与永磁同步发电机系统转矩的关系[12,35]，可得

$$\dot{H}(i_d, \omega_m, T_e, T_m) = \underbrace{-\frac{R_s}{L_d}(i_d - i_d^*)^2 - \frac{R_s}{L_q}(\dot{\omega}_m - \dot{\omega}_m^*)^2}_{\text{有益项}} + \underbrace{\frac{i_d - i_d^*}{L_d}\nu_1 + (\dot{\omega}_m - \dot{\omega}_m^*)\nu_2}_{\text{额外输入}}$$

$$(2.3.13)$$

由式 (2.3.9) 可以看出，能量函数描述的是系统被控变量误差平方之和，其所描述的是被控变量的整体控制误差。那么对其求一阶导数得式 (2.3.13)，该式所描述的即是被控变量的跟踪速率。在 PSMC 设计中，将该导数的值设计为始终不大于 0，且仅在平衡点处取 0，这可保证能量函数单调递减并最终收敛至 0，从而确保了被控系统的渐近稳定性。另外，所谓的有益项（有利于提高系统阻尼的项）是指那些可以使该导数更

加"负"的项，如式（2.3.13）中的前两项。因此，保留有益项可使该导数的值更小，也就意味着被控变量的跟踪速率更快。综上所述，系统的阻尼可表现为被控变量的跟踪速率，而该速率恰好由能量函数的一阶导数来体现与决定。

由式（2.3.13）可见，PSMC 保留了系统的有益项，因此可提高 d 轴电流 i_d 和机械转速 ω_m 的误差跟踪速率。它们的物理意义可理解为：由 d 轴电流流经定子电阻 R_s 与 d 轴电感 L_d 耦合所产生的热量，以及由定子电阻 R_s 与 q 轴电感 L_q 耦合所产生的加速转矩能量。上述所保留的两项能量的实时耗散使得能量函数得以迅速衰减，即提供更高的系统阻尼并改善系统动态响应性能。

2. 滑模控制设计

附加输入 ν_1 和 ν_2 的设计旨在实现如下两个目标：一是基于无源理论通过能量重塑使系统输出严格无源，从而确保闭环系统的稳定性；二是通过引入滑模机制来大幅增强系统的鲁棒性。为此，需选择两个滑动平面，表达式分别为

$$S_1 = i_d - i_d^* \tag{2.3.14}$$

$$S_2 = \rho_1(\omega_m - \omega_m^*) - \rho_2(\dot{\omega}_m - \dot{\omega}_m^*) \tag{2.3.15}$$

式中：正常数 ρ_1 和 ρ_2 为滑动平面增益。

考虑式（2.3.13）的结构，设计附加输入如下

$$\nu_1 = \underbrace{-\alpha_1(i_d - i_d^*)}_{\text{能量重塑}} \underbrace{-\zeta_1 S_1 - \varphi_1 \mathrm{sat}(S_1, \epsilon_1)}_{\text{滑动模态}} \tag{2.3.16}$$

$$\nu_2 = \underbrace{-\alpha_2(\dot{\omega}_m - \dot{\omega}_m^*)}_{\text{能量重塑}} \underbrace{-\zeta_2 S_2 - \varphi_2 \mathrm{sat}(S_2, \epsilon_2)}_{\text{滑动模态}} \tag{2.3.17}$$

式中：控制增益 ζ_1、ζ_2、φ_1 和 φ_2 用于确保滑动平面表达式（2.3.14）和式（2.3.15）的收敛性；无源增益 α_1 和 α_2 将系统重塑为输出严格无源；选取饱和函数 $\mathrm{sat}(S_i, \epsilon_i)(i=1, 2)$ 替代传统函数 $\mathrm{sgn}(S_i)$，以减少常规滑模控制中由不连续性引起的抖振问题。

至此，基于 PSMC 的永磁同步发电机系统的整体控制结构如图 2.3.1 所示。图中的控制器输入，即 d 轴电流 i_d 与其参考值 i_d^* 来自永磁同步发电机系统模型中的发电机部分，i_d 通过电流表测量永磁同步发电机的三相电流后经过派克变换直接可以得到；机械转速 ω_m 与其参考值 ω_m^* 则来自风轮机部分，ω_m 通过转速计来测量。该控制策略的实现，一方面，根据 d 轴电流参考值 i_d^* 和机械转速参考值 ω_m^* 设计两个滑动平面 S_1 和 S_2，以设计附加控制输入；另一方面，根据跟踪误差构造了永磁同步电机的存储函数，并对存储函数求导，以保留有益项，对非有益项进行补偿。通过在控制器中增加额外的控制输入 ν_1 和 ν_2，得到系统的实际最优控制输入 u_1 和 u_2，输入至永磁同步发电机系统中的发电机侧 VSC。

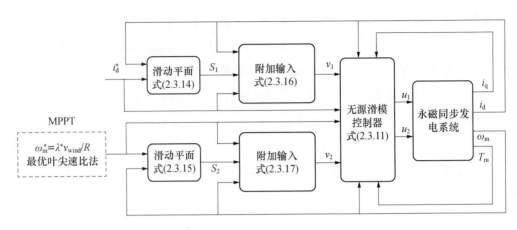

图 2.3.1　永磁同步发电机的整体 PSMC 控制结构图

2.3.2　算例分析

本小节将所设计的 PSMC 与传统 VC[9]、FLC[12] 和 SMC[28] 在阶跃风速、随机风速、发电机参数不确定三种算例下进行比较分析。永磁同步发电机系统参数在表 2.2.1 中已列出，PSMC 参数见表 2.3.1。对于风力发电机组来说，一般要求最大化发出的有功功率，即保持功率因数为 1.0，因此本算例下假设无功功率为 0，即等价为 d 轴电流 $i_d = 0$。另外，所有的对比控制（VC、FLC、SMC）均有附加控制。具体而言，VC 具有耦合量补偿的附加控制（详见文献 [9]）；FLC 将系统非线性全局补偿后被控系统等价为一个线性系统，随后设计附加线性控制于该等价线性系统上，SMC 的滑模控制部分［即 $\text{sat}(S_i, \varepsilon_i)$ 函数］可以看作其附加控制部分。

表 2.3.1　　　　　　　　　　　　　　　　PSMC 参数

控制名称	参数值
d 轴电流控制	$\alpha_1 = 25$，$\zeta_1 = 15$，$\varphi_1 = 10$，$\varepsilon_1 = 0.1$
机械转速控制	$\alpha_2 = 30$，$\zeta_2 = 25$，$\varphi_2 = 15$，$\varepsilon_2 = 0.1$，$\rho_1 = 100$，$\rho_2 = 1$

1. 阶跃风速

在 0～25s 内模拟一组范围为 8～12m/s 的连续阶跃风速进行测试，各控制器所对应的动态响应如图 2.3.2 所示。

图 2.3.2（a）所示为风速阶跃变化时，系统风能利用系数的变化过程。由图可见，与 VC、FLC 以及 SMC 相比，PSMC 可以始终保持风能利用系数接近其最优值 0.42p.u.，从而可获取最大功率，而且其调节过程最为平稳和快速。而基于 VC 的系统风能利用系数受风速突变的影响最为严重，随着每一次风速突变，系统风能利用系数的

跌落程度逐渐增加，在 20s 时甚至跌落至 0.365p.u.。

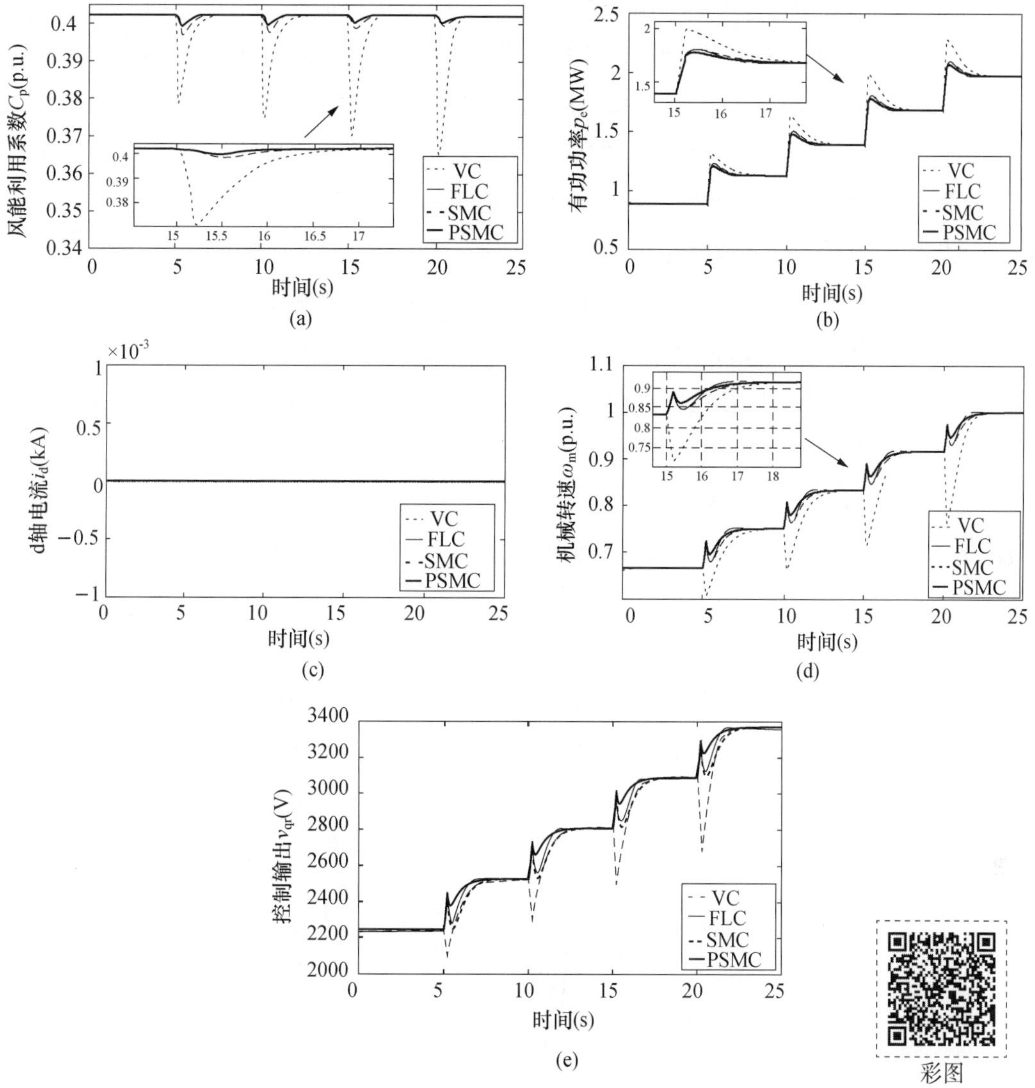

图 2.3.2　阶跃风速下的各控制器系统响应示意图

(a) 风能利用系数；(b) 有功功率；(c) d 轴电流；(d) 机械转速；(e) 机械输出

图 2.3.2 (b) 所示为风速阶跃变化时，系统有功功率的变化过程。由图可见，与 FLC、SMC 和 PSMC 相比，VC 的有功功率超调量最大，在不同运行点的控制性能大幅度降低。而且，VC 在风速逐渐阶跃变化的过程中超调量也逐渐增大。FLC 和 SMC 的有功功率超调量次于 VC。因此，PSMC 的有功功率超调量始终是最小的，说明 PSMC 控制具有良好的控制性能。

图 2.3.2 (c)、(d) 所示为 d 轴电流（无功功率）和机械转速的变化过程。为实

现最大有功功率输出，保持功率因数为 1.0，即假设 d 轴电流始终为 0。由图 2.3.2
（d）可见，在风速阶跃变化时，PSMC 的响应速度最快，能在风速突变时以最快的速
度跟踪到最佳转速，说明 PSMC 可在无电流超调量的同时以最快追踪其参考值。而
VC 的机械转速在风速突然阶跃变化时降低较为显著。另外可以看出，VC 的机械转速
与其他三类非线性方法在阶跃风速发生时的变化趋势相反（约前 0.4s），即 VC 的机
械转速短时下降而其他三类控制器的机械转速短时上升后再下降，这是线性控制 VC
的控制机理与其他三个非线性控制策略的机理不同所导致的。具体而言，VC 是对非
线性永磁同步发电机系统在某一运行点处线性化后来整定控制器参数，而另外三类非
线性控制策略则是将永磁同步发电机系统的非线性全部（FLC）或大部分（SMC 和
PSMC）进行实时补偿后整定的。因此，VC 的控制效果相较于其他三类控制策略而言
最低。

图 2.3.2（e）所示为风速阶跃变化时，相对应机械转速的控制器机械输出 v_{qr}，由
图可见，VC 的输出确实在前 0.4s 与其他三类控制策略有不同，从而证实了上述
机理。

2. 随机风速

在 0～25s 时间内，模拟一组变化范围为 7～11m/s 的随机风速进行测试，随机风速
变化曲线如图 2.3.3 所示，各控制器的系统响应如图 2.3.4 所示。

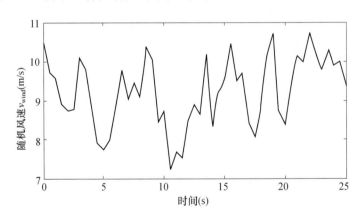

图 2.3.3　随机风速变化曲线

图 2.3.4（a）所示为风速随机变化时，永磁同步发电机系统风能利用系数的变化过
程。由图可见，在所有控制器中，PSMC 在随机风速下可保持最优风能利用系数
0.42p.u.，且变化曲线最为稳定。这是因为 PSMC 能对非有益项（包括随机风速）进行
实时补偿。因此，在随机风速下，PSMC 能以一个更高且更为稳定的风电转换效率输出
电能，可获取最大功率。

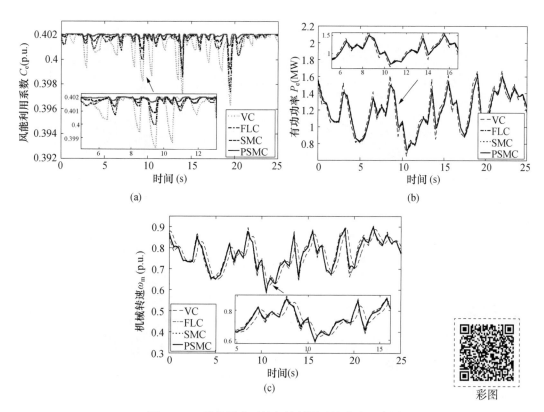

图 2.3.4　随机风速下的各控制器系统响应示意图

（a）风能利用系数；（b）有功功率；（c）机械转速

图 2.3.4（b）、（c）所示为风速随机变化时，系统有功功率和机械转速的变化过程。由图可见，在风速高频率变化时，VC 的功率跟踪性能最差，具有最大的有功功率超调量。机械转速的变化过程与有功功率变化过程近似。

3. 发电机参数不确定

为研究发电机参数不确定时永磁同步发电机系统的鲁棒性，对定子电阻 R_s 和 d 轴电感 L_d 在其额定值附近 ±20% 范围内变化进行测试，选取系统在额定风速下增加 1 m/s 的阶跃风速后有功功率变化峰值 $|P_e|$ 进行对比。VC、FLC、SMC 和 PSMC 的峰值变化情况如图 2.3.5 所示。

由图 2.3.5 可知，VC、FLC、SMC 和 PSMC 的 $|P_e|$ 分别为 17.4%、28.1%、9.6% 和 8.1%。因此，PSMC 在发电机参数不确定情况下具有最小的有功功率变化峰值 $|P_e|$，这意味着发电机参数的不确定性对 PSMC 的影响最小，即 PSMC 具有最强的鲁棒性。SMC 作为一种鲁棒控制器，相比较 VC 和 FLC 而言具有较优良的鲁棒性，而 PSMC 在 SMC 的基础上增强了系统阻尼，故其有功功率变化峰值 $|P_e|$ 比 SMC 更低。

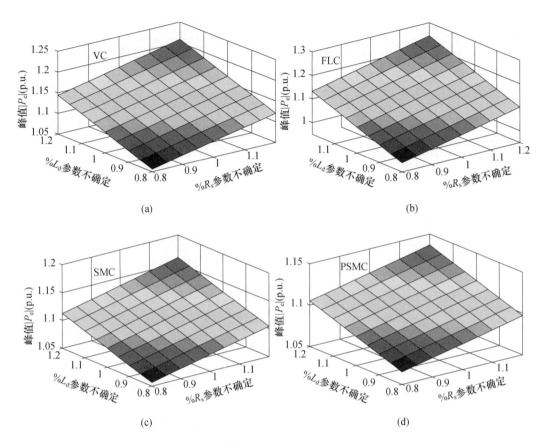

图 2.3.5 有功功率变化峰值 $|P_e|$ 对比图

(a) VC 系统有功功率峰值 $|P_e|$；(b) FLC 系统有功功率峰值 $|P_e|$；

(c) SMC 系统有功功率峰值 $|P_e|$；(d) PSMC 系统有功功率峰值 $|P_e|$

4. 定量分析

表 2.3.2 列出了风速改变时四种控制器不同算例下的 IAE 指标（p.u.），两种工况下的仿真时间均为 $T=25\mathrm{s}$。由表可见，在不同工况下，PSMC 的 IAE 指标均为最低。特别地，其 IAE_{id} 分别仅为 VC、FLC 和 SMC 的 50.57%、64.60% 和 85.71%；另外 PSMC 的 AE_{wm} 分别仅为 VC、FLC 和 SMC 的 67.09%、76.26% 和 80.92%。

表 2.3.2 　　　　　　　　四种控制器不同算例下的 IAE 指标（p.u.）

算例	阶跃风速		随机风速	
控制器	IAE_{id}	IAE_{wm}	IAE_{id}	IAE_{wm}
VC	1.58×10^{-2}	3.67×10^{-2}	6.17×10^{-2}	4.83×10^{-2}
FLC	1.39×10^{-2}	3.24×10^{-2}	4.83×10^{-2}	2.66×10^{-2}
SMC	1.31×10^{-2}	3.11×10^{-2}	3.64×10^{-2}	1.97×10^{-2}
PSMC	1.06×10^{-2}	2.75×10^{-2}	3.12×10^{-2}	1.42×10^{-2}

另外，能量函数 $H(i_\mathrm{d},\omega_\mathrm{m},T_\mathrm{e},T_\mathrm{m})$ 的衰减速度越快表示误差跟踪速度越快。图 2.3.6 所示为不同工况下四种控制器能量函数变化特征。由图可见，PSMC 在不同工况下的能量函数均以最快速度衰减。同时，当扰动发生时，能量函数的峰值最小。这些特征均得益于能量重塑过程，才使得 PSMC 能大幅地提高系统的阻尼和动态响应。

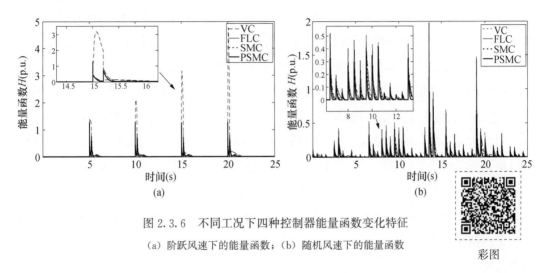

图 2.3.6　不同工况下四种控制器能量函数变化特征

（a）阶跃风速下的能量函数；（b）随机风速下的能量函数

彩图

最后，研究两种算例下各控制器所需的总控制成本，即 $\int_0^T(|u_1|+|u_2|)\mathrm{d}t$，见表 2.3.3。在随机风速下，PSMC 的控制成本最小，而在阶跃风速下，其控制成本仅稍次于 FLC。总体而言，PSMC 只需较少的控制成本即可达到更为理想的控制效果。

表 2.3.3　　　　　　两种算例下不同控制器所需的总控制成本（p.u.）

算例	阶跃风速	随机风速
控制器	总控制成本	
VC	3.216	9.574
SMC	3.815	9.368
FLC	2.977	9.031
PSMC	3.011	8.891

2.3.3　小结

本节针对永磁同步发电机系统的 MPPT 控制，设计了能有效改善系统动态响应性能的 PSMC，并建立相应的仿真模型，进行了仿真实验，得出该控制策略有诸多贡献点和创新点，主要可概括为如下五方面：

（1）通过对永磁同步发电机的非线性、参数不确定性以及随机风速等进行实时补偿，可显著提高永磁同步发电机的系统鲁棒性，并且设计了附加输入，旨在重塑系统能量来增强系统阻尼，同时引入滑模机制来大幅提高系统鲁棒性，使得 PSMC 能够有效地处理各类不确定性。

（2）从系统响应来说，该策略基于无源理论，构建了一个由 d 轴电流流经虚拟单位电阻发热、机械转轴系统动能以及加速转矩能量之和组成的能量函数。通过求解其导数，对每一项进行仔细分析，保留了所有有利于系统阻尼的非线性项，同时补偿所有剩余项，能有效改善系统动态响应能力并实现全局一致的控制性能。

（3）PSMC 补偿的是扰动实时估计值，而不是扰动上限值，从而有效避免了常规 SMC 过于保守的缺陷，因此 PSMC 能获得更为合理的控制成本与更优的控制性能。

（4）相较于实际电机控制中广泛采用的控制器而言，PSMC 仅需测量机械转速和 d 轴电流而无需测量 q 轴电流。事实上，比常规的线性 PID 控制更便于实现。

（5）Matlab 的仿真结果表明，PSMC 可快速实现 MPPT，在阶跃风速和随机风速下均具有最大的功率输出、最小的超调量，在发电机参数不确定时拥有最强的鲁棒性，以及较低的控制成本。

参考文献

［1］史旺旺，刘超．永磁同步发电机的无传感器滑模辨识及控制［J］．电机与控制学报，2012，16（4）：79-83.

［2］王刚，侍乔明，付立军，等．虚拟惯量控制方式下永磁风力发电机组轴系扭振机理分析［J］．电机与控制学报，2014，18（8）：8-16.

［3］刘剑，杨贵杰，高宏伟，等．双三相永磁同步发电机的矢量控制与数字实现［J］．电机与控制学报，2013，17（4）：50-56.

［4］刘忠义，刘崇茹，李庚银．提高直驱永磁风机低电压穿越能力的功率协调控制方法［J］．电力系统自动化，2015，（3）：23-29.

［5］胡书举，李建林，许洪华．永磁直驱风电系统变流器拓扑分析［J］．电力自动化设备，2008，28（4）：77-81.

［6］吴爱华，赵不贿，茅靖峰，等．基于转矩观测器的垂直轴风力发电最大功率跟踪反演控制［J］．电力系统保护与控制，2017，45（2）：7-13.

［7］程辉，杨克立，王克军，等．永磁同步发电机风力发电系统转速估计算法的研究［J］．电力系统保护与控制，2016，44（5）：24-29.

［8］姚骏，廖勇，瞿兴鸿，等．直驱永磁同步风力发电机的最佳风能跟踪控制［J］．电网技术，2008（10）：11-15，27.

［9］Li S H，Haskew T A，Xu L. Conventional and novel control designs for direct driven PMSG wind turbines［J］. Electric Power Systems Research，2010，80（3）：328-338.

［10］赵金越，关新，胥德龙，等．基于模型参考自适应的电动车用永磁同步电动机无速度传感器控制系统研究［J］．电气技术，2017，2：36 - 40.

［11］Yang B，Jiang L，Wang L，et al．Nonlinear maximum power point tracking control and modal analysis of DFIG based wind turbine［J］．International Journal of Electrical Power and Energy Systems，2016，74：429 - 436.

［12］Kim K H，Jeung Y C，Lee D C，et al．LVRT scheme of PMSG wind power systems based on feedback linearization［J］．IEEE Transactions on Power Electronics，2011，27（5）：2376 - 2384.

［13］祖晖，章国宝，费树岷，等．基于不确定广义模型的永磁同步风力发电机鲁棒 H_∞ 控制［J］．控制理论与应用，2011，28（11）：1634 - 1640.

［14］Fantino R，Solsona J，Busanda C．Nonlinear observer - based control for PMSG wind turbine［J］．Energy，2016，113：248 - 257.

［15］Wei C，Zhang Z，Qiao W，et al．An adaptive network - based reinforcement learning method for MPPT control ofPMSG wind energy conversion systems［J］．IEEE Transactions on Power Electronics，2016，31（11）：7837 - 7848.

［16］Shyu K K，Lai C K，Tsai Y W，et al．A newly robust controller design for the position control of permanent - magnet synchronous motor［J］．IEEE Transaction on Industrial Electronics，2002，49（3）：558 - 565.

［17］Lai C K，Shyu K K．A novel motor drive design for incremental motion system via sliding - mode control method［J］．EEE Transaction on Industrial Electronics，2005，52（2）：499 - 507.

［18］Wai R J．Total sliding - mode controller for PM synchronous servomotor drive using recurrent fuzzy neural network［J］．IEEET transactions on Industrial Electronics，2001，48（5）：926 - 944.

［19］Seyed M M，Maarouf S，Hani V，et al．Sliding mode control of PMSG wind turbine based on enhanced exponential reaching law［J］．IEEE Transactions on Industrial Electronics，2016，63（10）：6148 - 6159.

［20］熊仁志．基于低通滤波扰动观测器的交流伺服驱动抗扰策略研究［D］．武汉：华中科技大学，2016.

［21］Li S Q，Zhang K Z，Li J，et al．On the rejection of internal and external disturbances in a wind energy conversion system with direct - driven PMSG［J］．ISA Transactions，2016，61：95 - 103.

［22］王丰尧．滑模变结构控制［M］．北京：机械工业出版社，1998.

［23］Lu X Y，Spurgeon S K．Robust sliding mode control of uncertain nonlinear systems［J］．Systems & Control Letters，1997，32（2）：75 - 90.

［24］Yang B，Hu Y L，Huang H Y，et al．Perturbation estimation based robust state feedback control for grid connected DFIG wind energy conversion system［J］．International Journal of Hydrogen Energy，2017，42（33）：20994 - 21005.

［25］ Yang B，Yu T，Shu H C，et al. Robust sliding‐mode control of wind energy conversion systems for optimal power extraction via nonlinear perturbation observers ［J］. Applied Energy，2018，210：711‐723.

［26］ Scherpen J M A. Balancing for nonlinear systems ［J］. Systems & Control Letters，1993，21（2）：143‐153.

［27］ 李洪亮，姜建国，乔树通. 三电平 SVPWM 与 SPWM 本质联系及对输出电压谐波的分析 ［J］. 电力系统自动化，2015，39（12）：130‐136.

［28］ Fernando V，Roberto D F. Multiple‐input‐multiple‐output high‐order sliding mode control for a permanent magnet synchronous generator wind‐based system with grid support capabilities ［J］. IET Renewable Power Generation，2015，9（8），925‐934.

［29］ 张月玲. 基于滞环函数的电动舵机滑模控制 ［J］. 微电机，2016，49（9）：71‐75.

［30］ Huerta F，Tello R L，Prodanovic M. Realtime power‐hardware‐in‐the‐loop implementation of variable‐speed wind turbines ［J］. IEEE Transactions on Industrial Electronics，2017，64（3）：1893‐1904.

［31］ Yang B，Yu T，Shu H C，et al. Passivity‐based sliding‐mode control design for optimal power extraction of a PMSG based variable speed wind turbine ［J］. Renewable Energy，2018，119：577‐589.

［32］ Riad A，Toufik R，Djamil R，et al. Robust nonlinear predictive control of permanent magnet synchronous generator turbine using dspace hardware ［J］. International Journal of Hydrogen Energy，2016，41（45）：21047‐21056.

［33］ Yang B，Jiang L，Yu T，et al. Passive control design for multi‐terminal VSC‐HVDC systems via energy shaping ［J］. International Journal of Electrical Power and Energy Systems，2018，98：496‐508.

［34］ Yang B，Jiang L，Zhang C K，et al. Perturbation observer based adaptive passive control for damping improvement of VSC‐MTDC systems ［J］. Transactions of the Institute of Measurement and Control，2018，40（4）：1223‐1236.

［35］ Uehara A，Pratap A，Goya T，et al. A coordinated control method to smooth wind power fluctuations of a PMSG based WECS ［J］. IEEE Transactions on Renewable Energy，2011，26（2）：550‐558.

3 双馈感应电机非线性鲁棒控制设计

3.1 双馈感应电机控制策略概述

双馈感应电机具有独立的无功功率控制、解耦的有功/无功功率控制等优点[1]，像永磁同步发电机那样，也是目前大型风电场的主力机型。然而，风速的强随机性与双馈感应电机系统建模的不确定性给双馈感应电机在风力发电中的优化运行带来了极大的挑战，因此在变风速下的 MPPT[2,3] 以及电网发生故障时的低电压穿越（low-voltage ride through，LVRT)[4] 成为双馈感应电机控制设计的主要目标和重要任务。实现变风速下的 MPPT 是目前风力发电的一个经典控制问题，也是本章针对双馈感应电机控制系统的主要研究内容。

从双馈感应电机的系统模型可知，双馈感应电机的动态数学模型具有多变量、高阶次、非线性等特点，其内部各变量之间的电磁耦合关系非常复杂，要对其进行精确控制几乎是不可能的。有些学者提出对多变量系统进行结构分散化，目的在于分析其内部各变量之间的关联关系，找到决定系统主要性能的若干控制通道，并建立其正确的输入—输出控制关系。但是，实际使用的双馈感应电机数学模型，是进行了一些理想化的假设，忽略掉一些次要的影响因素而得到的简化电机模型，而且电机的参数也是通过实验获得的，其精确程度在很大程度上依赖于实验的精确度，这些参数在不同的运行工况下会或多或少地发生变化[5]。因此，在进行控制器设计时，要尽量减小由于参数的不确定性和外界的扰动所造成的影响，确保控制系统的鲁棒性。

目前，基于 PID 环节的 VC 由于具有结构简单、可靠性高等优点，在双馈感应电机控制领域中得到了大规模应用[6]。应用于双馈感应电机的 VC 是将原来时间域中的电压、电流等相关变量变换成空间域内的矢量，然后利用坐标变换构建双馈感应电机的电压、磁链、功率及运动方程，并通过分别控制输入电机的有功和无功励磁电流来控制双馈感应电机的有功功率和无功功率，最终实现双馈感应电机在风力发电时的功率控制。然而，双馈感应电机具有极强的非线性，并且风速的快速随机时变性往往导致其运行点发生大范围的频繁漂移，因此，VC 的控制性能会降低甚至引发系统失稳。

为了解决传统 VC 在双馈感应电机系统中的应用缺陷，通常是对常规 PID 控制参数进行优化，一系列启发式算法可较好地处理此类参数优化问题，如群灰狼优化器（grouped grey wolf optimizer，GGWO）[7]、猫群优化（cat swarm optimization，CSO）[8]、基于量子粒子群优化（quantum-behaved particle swarm optimization，QPSO）的光伏多峰最大功率跟踪改进算法[9]、用于优化 PID 参数的民主军队联合作战算法（democratic joint operations algorithm，DJOA）[10] 等。

考虑到双馈感应电机的强非线性以及其在运行过程中伴随的多种扰动、系统建模的不确定性以及风速的强随机性等因素，上述启发式算法虽然可较好地处理参数优化问题，但始终难以实现令人满意的控制性能，因此近年来涌现出了大量非线性控制、鲁棒控制等先进控制理论用于双馈感应电机中。其中，FLC 由于能完全补偿系统的非线性而获得不同运行点下的控制全局一致性，现已成功应用到双馈感应电机控制中[11]；文献［12］设计了一款基于连续时间模型预测控制（continuous-time model predictive control，CTMPC）的双馈电机直接功率控制器；双馈感应电机分数阶滑动模态控制（fractional-order based sliding-mode control，FOBSMC）通过估计外部非线性扰动和系统未知参数，大幅提高了被控系统的鲁棒性[13]；基于 ADRC 的双馈感应电机电流控制器，提高了风速不确定下的最大功率跟踪性能[14]；文献［15］提出了自适应非线性控制（adaptive nonlinear control，ANC）实现了不同风速下的自适应最大功率跟踪；文献［16］设计了基于近似动态规划（approximate dynamic programming，ADP）策略来增强含有双馈感应电机的电力系统稳定性。

上述控制器虽然能实现良好的控制性能，但结构复杂、需测量较多系统参数与状态，实现较为困难。考虑影响双馈感应电机运行性能的多重因素，为了既能实现双馈感应电机的精确控制，又能确保控制系统的鲁棒性，本章针对双馈感应电机系统提出了两种控制策略，分别是 POSMC 和新型非线性鲁棒状态估计反馈控制（nonlinear robust state estimate feedback control，NRSEFC）。POSMC 和 NRSEFC 均不依赖于双馈感应电机系统的精确模型，仅需测量转子角速度和无功功率两个状态量，兼具控制结构简单、可靠性高以及非线性鲁棒控制的控制全局一致性和强鲁棒性等优点，能有效提高双馈感应电机在变风速下的 MPPT 控制性能和系统的鲁棒性。

3.2 基于扰动观测器的滑模控制

通过第 2 章对 SMC 的介绍及其应用，已知 SMC 能够有效地提高系统的鲁棒性和快速性，且 SMSPO 能估计各种扰动并进行实时地补偿，从而能有效减小系统稳态误差并削弱系统固有的抖振现象。在第 2 章中，针对永磁同步发电机而设计的 POSMC，大幅提高了永磁同步发电机系统的鲁棒性，仿真实验和 HIL 实验也验证了 POSMC 的有效性和可行性。相比之下，其他非线性方法需要精确的系统模型或者仅能处理某些特定的不确定性，而 POSMC 只需测量双馈感应电机系统的转子角速度和定子无功功率，因此较易于硬件实现。因此，考虑了双馈感应电机的特点及其运行特性，本节针对双馈感应电机设计 POSMC 以实现其 MPPT。

3.2.1　控制器设计

选取转子角速度和定子无功功率的控制误差 $\boldsymbol{e}=[e_1，e_2]^{\mathrm{T}}$ 为控制输出，可得

$$\begin{cases} e_1 = \omega_{\mathrm{r}} - \omega_{\mathrm{r}}^* \\ e_2 = Q_{\mathrm{s}} - Q_{\mathrm{s}}^* \end{cases} \tag{3.2.1}$$

式中：$\omega_{\mathrm{r}}^* = \lambda_{\mathrm{opt}} v_{\mathrm{wind}}/R$ 和 Q_{s}^* 分别为转子角速度和无功功率的参考值。

对式（3.2.1）求导直至控制输入 v_{dr} 和 v_{qr} 显性出现，可得

$$\begin{bmatrix} \ddot{e}_1 \\ \dot{e}_2 \end{bmatrix} = \begin{bmatrix} f_1 - \dddot{\omega}_{\mathrm{r}}^* \\ f_2 - \dot{Q}_{\mathrm{s}}^* \end{bmatrix} + \boldsymbol{B} \begin{bmatrix} v_{\mathrm{dr}} \\ v_{\mathrm{qr}} \end{bmatrix} \tag{3.2.2}$$

其中

$$f_1 = \frac{\dot{T}_{\mathrm{m}}}{2H_{\mathrm{m}}} - \frac{1}{2H_{\mathrm{m}}} \Big\{ \Big(1 - \frac{1}{\omega_{\mathrm{s}}}\Big)(e'_{\mathrm{ds}}i_{\mathrm{ds}} - e'_{\mathrm{qs}}i_{\mathrm{ds}}) - \frac{1}{\omega_{\mathrm{s}}T_{\mathrm{r}}}(e'_{\mathrm{qs}}i_{\mathrm{qs}} + e'_{\mathrm{ds}}i_{\mathrm{ds}})$$

$$+ \frac{1}{\omega_{\mathrm{s}}L'_{\mathrm{s}}}\Big[\frac{\omega_{\mathrm{r}}}{\omega_{\mathrm{s}}}(e'_{\mathrm{ds}} + e'_{\mathrm{qs}}) + \omega_{\mathrm{s}}(e'_{\mathrm{ds}}i_{\mathrm{ds}} - e'_{\mathrm{ds}}i_{\mathrm{qs}}) - R_1(e'_{\mathrm{qs}}i_{\mathrm{qs}} + e'_{\mathrm{ds}}i_{\mathrm{ds}}) - e'_{\mathrm{qs}}v_{\mathrm{qs}} - e'_{\mathrm{ds}}v_{\mathrm{ds}}\Big] \Big\} \tag{3.2.3}$$

$$f_2 = \frac{1}{L'_{\mathrm{s}}}\Big(\omega_{\mathrm{s}}L'_{\mathrm{s}}i_{\mathrm{qs}} + R_1 i_{\mathrm{ds}} - \frac{1}{\omega_{\mathrm{s}}T_{\mathrm{r}}}e'_{\mathrm{qs}} - \frac{\omega_{\mathrm{r}}}{\omega_{\mathrm{s}}}e'_{\mathrm{ds}}\Big)v_{\mathrm{qs}}$$

$$+ \frac{1}{L'_{\mathrm{s}}}\Big(-R_1 i_{\mathrm{qs}} + \omega_{\mathrm{s}}L'_{\mathrm{s}}i_{\mathrm{ds}} + \frac{\omega_{\mathrm{r}}}{\omega_{\mathrm{s}}}e'_{\mathrm{qs}} - \frac{1}{\omega_{\mathrm{s}}T_{\mathrm{r}}}e'_{\mathrm{ds}} - v_{\mathrm{qs}}\Big)v_{\mathrm{ds}} \tag{3.2.4}$$

$$\boldsymbol{B} = \begin{bmatrix} \dfrac{L_{\mathrm{m}}}{-2H_{\mathrm{m}}L_{\mathrm{rr}}}\Big(\dfrac{e'_{\mathrm{ds}}}{\omega_{\mathrm{s}}L'}\Big) & \dfrac{L_{\mathrm{m}}}{-2H_{\mathrm{m}}L_{\mathrm{rr}}}\Big(\dfrac{e'_{\mathrm{qs}}}{\omega_{\mathrm{s}}L'} + i_{\mathrm{ds}}\Big) \\ -\dfrac{L_{\mathrm{m}}}{L'_{\mathrm{s}}L_{\mathrm{rr}}}v_{\mathrm{qs}} & \dfrac{L_{\mathrm{m}}}{L'_{\mathrm{s}}L_{\mathrm{rr}}}v_{\mathrm{ds}} \end{bmatrix} \tag{3.2.5}$$

式中：矩阵 $\boldsymbol{B}$ 为控制增益矩阵，且 $\det(\boldsymbol{B}) = -\dfrac{L_{\mathrm{m}}^2 v_{\mathrm{qs}}}{2H_{\mathrm{m}}L'_{\mathrm{s}}L_{\mathrm{rr}}^2}\Big(\dfrac{e'_{\mathrm{qs}}}{\omega_{\mathrm{s}}L'} + i_{\mathrm{ds}}\Big) \neq 0$，故该矩阵可逆且全局可线性化。

式（3.2.3）中机械转矩的一阶导数计算如下

$$\dot{T}_{\mathrm{m}} = \frac{\partial T_{\mathrm{m}}}{\partial \omega_{\mathrm{r}}} \frac{\mathrm{d}\omega_{\mathrm{r}}}{\mathrm{d}t} + \frac{\partial T_{\mathrm{m}}}{\partial v_{\mathrm{wind}}} \frac{\mathrm{d}v_{\mathrm{wind}}}{\mathrm{d}t} \tag{3.2.6}$$

其中

$$\frac{\partial T_m}{\partial \omega_r} = \frac{1}{2}\rho A v_{wind}^3 \left\{ c_1 e^{-c_5 \left(\frac{v_{wind}}{R\omega_r} - 0.035 \right)} \left[\frac{c_2 c_5 v_{wind}^2}{R^2 \omega_r^4} - \frac{(2c_2 + 0.035 c_2 c_5 + c_4 c_5) v_{wind}}{R\omega_r^3} + \frac{0.035 c_2 + c_4}{\omega_r^2} \right] \right\}$$

$$(3.2.7)$$

$$\frac{\partial T_m}{\partial v_{wind}} = \frac{1}{2}\rho A v_{wind}^2 \left\{ c_1 e^{-c_5 \left(\frac{v_{wind}}{R\omega_r} - 0.035 \right)} \left[\frac{c_2 c_5 v_{wind}^2}{R^2 \omega_r^3} - \frac{(4c_2 + 0.035 c_2 c_5 + c_4 c_5) v_{wind}}{R\omega_r^2} \right. \right.$$

$$\left. \left. + \frac{0.105 c_2 + 3c_4}{\omega_r} \right] - \frac{2c_6 R}{v_{wind}} \right\}$$

$$(3.2.8)$$

将式（3.2.2）的非线性、发电机参数不确定性和各类不确定性聚合为一个扰动，然后由 SMSPO 对该扰动进行在线估计。首先定义该扰动 $\psi_1(\cdot)$ 和 $\psi_2(\cdot)$ 为

$$\begin{bmatrix} \psi_1(\cdot) \\ \psi_2(\cdot) \end{bmatrix} = \begin{bmatrix} f_1 \\ f_2 \end{bmatrix} + (\boldsymbol{B} - \boldsymbol{B}_0) \begin{bmatrix} v_{dr} \\ v_{qr} \end{bmatrix} \qquad (3.2.9)$$

式中：定常数控制增益矩阵 $\boldsymbol{B}_0$ 选取为

$$\boldsymbol{B}_0 = \begin{bmatrix} b_{11} & 0 \\ 0 & b_{22} \end{bmatrix} \qquad (3.2.10)$$

式（3.2.2）可等价于

$$\begin{bmatrix} \ddot{e}_1 \\ \dot{e}_2 \end{bmatrix} = \begin{bmatrix} \psi_1(\cdot) \\ \psi_2(\cdot) \end{bmatrix} + \boldsymbol{B}_0 \begin{bmatrix} v_{dr} \\ v_{qr} \end{bmatrix} - \begin{bmatrix} \dddot{\omega}_r^* \\ \dot{Q}_s^* \end{bmatrix} \qquad (3.2.11)$$

定义状态 $z_{11} = \omega_r$ 以及 $z_{12} = \dot{z}_{11}$，采用一个三阶 SMSPO 来估计 $\psi_1(\cdot)$，可得

$$\begin{cases} \dot{\hat{z}}_{11} = \hat{z}_{12} + \alpha_{11} \widetilde{\omega}_r + k_{11} \mathrm{sat}(\widetilde{\omega}_r, \varepsilon_o) \\ \dot{\hat{z}}_{12} = \hat{\psi}_1(\cdot) + \alpha_{12} \widetilde{\omega}_r + k_{12} \mathrm{sat}(\widetilde{\omega}_r, \varepsilon_o) + b_{11} v_{dr} \\ \dot{\hat{\psi}}_1(\cdot) = \alpha_{13} \widetilde{\omega}_r + k_{13} \mathrm{sat}(\widetilde{\omega}_r, \varepsilon_o) \end{cases} \qquad (3.2.12)$$

同理，定义状态 $z_{21} = Q_s$，设计一个二阶 SMPO 来估计 $\psi_2(\cdot)$，可得

$$\begin{cases} \dot{\hat{z}}_{21} = \hat{\psi}_2 + \alpha_{21} \widetilde{Q}_s + k_{21} \mathrm{sat}(\widetilde{Q}_s, \varepsilon_o) + b_{22} v_{qr} \\ \dot{\hat{\psi}}_2 = \alpha_{22} \widetilde{Q}_s + k_{22} \mathrm{sat}(\widetilde{Q}_s, \varepsilon_o) \end{cases} \qquad (3.2.13)$$

式（3.2.2）的估计滑动平面选取为

$$\begin{bmatrix} \hat{S}_1 \\ \hat{S}_2 \end{bmatrix} = \begin{bmatrix} \rho_1(\hat{z}_{11} - \omega_r^*) + \rho_2(\hat{z}_{12} - \dot{\omega}_r^*) \\ \hat{z}_{21} - Q_s^* \end{bmatrix} \qquad (3.2.14)$$

式中：正常数 ρ_1 和 ρ_2 代表估计滑动平面增益。

式（3.2.2）的 POSMC 可设计如下

$$\begin{bmatrix} v_{dr} \\ v_{qr} \end{bmatrix} = \begin{bmatrix} \dddot{\omega}_r^* - \rho_1(\hat{z}_{12} - \dot{\omega}_r^*) - \zeta_1\hat{S}_1 - \varphi_1 \mathrm{sat}(\hat{S}_1, \epsilon_c) - \dot{\psi}_1(\bullet) \\ \dot{Q}_s^* - \zeta_2\hat{S}_2 - \varphi_2 \mathrm{sat}(\hat{S}_2, \epsilon_c) - \dot{\psi}_2(\bullet) \end{bmatrix} \tag{3.2.15}$$

式中：控制增益 ζ_1、ζ_2、φ_1 和 φ_2 确保系统（3.2.2）收敛。

图 3.2.1 所示为双馈感应电机的整体 POSMC 框架示意图。由图可见，上述控制策略仅需测量转子角速度 ω_r 与定子无功功率 Q_s 两个状态即可实现 MPPT 控制。由测量得

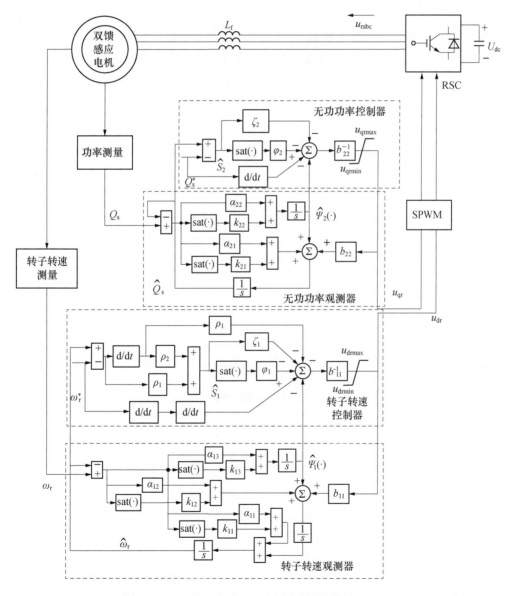

图 3.2.1　双馈感应电机的 POSMC 整体框架示意图

到的转子角速度与定子无功功率再经过转子转速观测器和无功功率观测器估计得到两个扰动值 $\dot{\hat{\varphi}}_1$ 和 $\dot{\hat{\varphi}}_2$，这两个扰动聚合了系统的所有不确定因素。将两个扰动估计值通过控制器得到实际控制电压 u_{dr} 和 u_{qr}，输出电压经过 SPWM 模块后进入转子侧电压源换流器，实现双馈感应电机的 MPPT 控制。另外，对于电流部分，该策略采用装设额外的过电流保护装置来限制转子侧发生过电流，即若出现过电流，那么过电流保护装置将进行动作来限制过电流。该处理方法已在非线性控制领域得到了应用[17]。

3.2.2 算例分析

本小节在阶跃风速、随机风速以及发电机参数不确定三个算例下将 POSMC 与 VC[6]、FLC[11] 和 SMC[17] 三种控制策略进行分析对比，以验证 POSMC 在双馈感应电机中的 MPPT 控制性能。其中，双馈感应电机系统参数与 POSMC 控制器参数分别见表 3.2.1、表 3.2.2。

表 3.2.1　　　　　　　　　　　　双馈感应电机系统参数

系统参数	$\omega_b = 100\pi\mathrm{rad/s}$	$\omega_s = 1.0\mathrm{p.u.}$
	$\omega_{r\text{-}base} = 1.29$	$u_{s\text{-}nom} = 1.0\mathrm{p.u.}$
双馈感应电机参数	$P_{rated} = 5\mathrm{MW}$	$R_s = 0.005\mathrm{p.u.}$
	$R_r = 1.1R_s$	$L_m = 4.0\mathrm{p.u.}$
	$L_{ss} = 1.01L_m$	$L_{rr} = 1.005L_{ss}$
	$L_s' = L_{ss} - L_m^2/L_{rr}$	$T_r = L_{rr}/R_r$
	$R_1 = R_s + R_2$	$R_2 = (L_m/L_{rr})^2 R_r$
风轮机参数	$\rho = 1.225\mathrm{kg/m^3}$	$R = 58.89\mathrm{m^2}$
	$V_{wind.nom} = 12\mathrm{m/s}$	$\lambda_{opt} = 6.325$
	$H_m = 4.4\mathrm{s}$	$D = 0\mathrm{p.u.}$

表 3.2.2　　　　　　　　　　　　POSMC 控制器参数

转子角速度控制器	$b_{11} = -2500$	$\rho_1 = 750$	$\rho_2 = 1$	$\zeta_1 = 50$
	$\varphi_1 = 40$	—	—	—
转子角速度观测器	$\alpha_{11} = 30$	$\alpha_{12} = 300$	$\alpha_{13} = 1000$	$k_{11} = 20$
	$k_{12} = 600$	$k_{13} = 6000$	$\varepsilon_0 = 0.2$	—
定子无功功率控制器	$b_{22} = 6000$	$\zeta_2 = 10$	$\varphi_2 = 10$	$\epsilon_c = 0.2$
定子无功功率观测器	$\alpha_{21} = 40$	$\alpha_{22} = 400$	$k_{21} = 15$	$k_{22} = 600$

1. 阶跃风速

以 5MW 为额定功率的双馈感应电机的额定风速为 12m/s，因此模拟一组变化范围为 8～12m/s 的连续阶跃风速进行测试,图 3.2.2 所示为阶跃风速下的系统响应示意图。

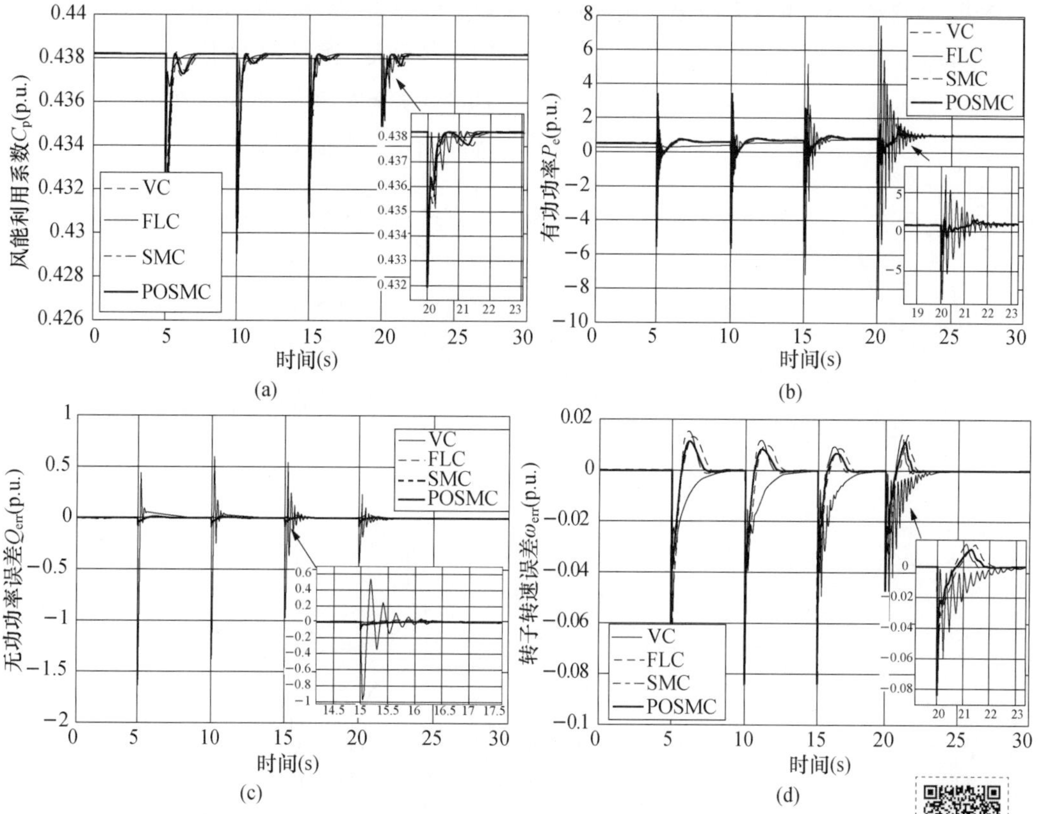

图 3.2.2 阶跃风速下的系统响应示意图

(a) 风能利用系数;(b) 有功功率;(c) 无功功率误差;(d) 转子转速误差

彩图

图 3.2.2(a)所示为风速阶跃变化时,双馈感应电机风能利用系数的变化过程。由图可见,在所有控制器中,POSMC 的收敛速度最快,以第三次风速阶跃变化为例,VC、FLC、SMC 和 POSMC 的收敛时间分别是 $t=3.2\text{s}$,$t=3.0\text{s}$,$t=3.8\text{s}$和 $t=2.8\text{s}$。

图 3.2.2(b)所示为风速阶跃变化时,系统有功功率的变化过程。由图可见,与 FLC、SMC 和 POSMC 相比,在不同风速下 VC 均产生最大的有功功率超调量,随着风速增加,超调量明显增大。同时,VC 在风速阶跃变化时出现了很大的振荡。相反地,与其他控制器相比,POSMC 有最小的超调量,能够以最小的振荡获取最大风能。

图 3.2.2(c)、(d)所示为风速阶跃变化时,无功功率误差和转子转速误差的变化过程。从图 3.2.2(c)中可以看出,FLC、SMC 和 POSMC 均可有效地控制无功功率,

误差较小。从图 3.2.2（d）所给出的转子转速误差变化可见，在风速阶跃变化时，POSMC 的转速误差相比于其他控制器而言最小，说明 POSMC 可在无电流超调量的同时更精确地追踪其参考值。而 VC 的无功功率误差和转子转速误差在风速突然阶跃变化时较大，且振荡明显。

2. 随机风速

在 0～15s 时间内，模拟一组变化范围为 8～11m/s 的随机风速进行测试。图 3.2.3 所示为风速随机变化曲线，随机风速下不同控制器的系统响应如图 3.2.4 所示。

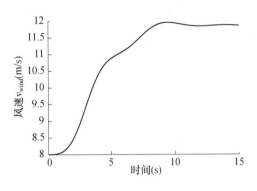

图 3.2.3　随机风速变化曲线

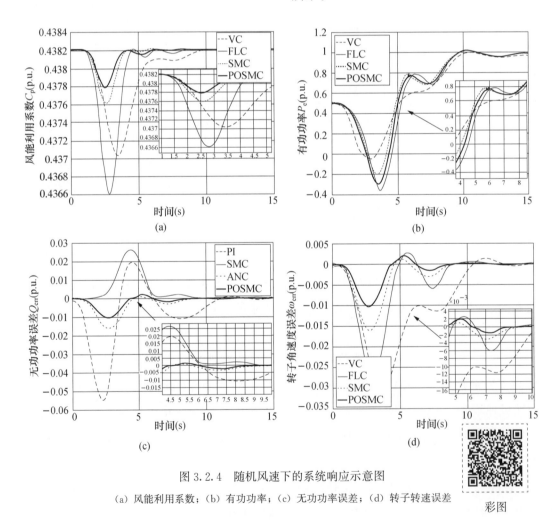

图 3.2.4　随机风速下的系统响应示意图

（a）风能利用系数；（b）有功功率；（c）无功功率误差；（d）转子转速误差

彩图

图 3.2.4（a）所示为风速随机变化时，双馈感应电机风能利用系数的变化过程。由图可见，在所有控制器中，POSMC 在随机风速下的风能利用系数最接近最佳值 0.4382p.u.，且相比其他控制器而言最为稳定。因此，POSMC 可以在随机风速变化下最优地提取风能，而 VC 和 FLC 的风能利用系数降低显著。

图 3.2.4（b）所示为风速随机变化时，系统有功功率的变化过程。由图可见，SMC 和 POSMC 的功率跟踪性能最好，收敛速度较快。

图 3.2.4（c）、（d）所示为风速随机变化时，无功功率误差和转子转速误差的变化过程。由图可见，相比较而言，POSMC 能够实现转子角速度误差和定子无功功率的最小振荡。

3. 发电机参数不确定

为研究各控制器在发电机数不确定时系统的鲁棒性，对定子电阻 R_s 和互感 L_m 在额定值±20％的变化范围内的测量误差进行仿真，图 3.2.5 所示为有功功率 $|P_e|$ 峰值对比。

由图 3.2.5 可知，定子电阻 R_s 发生±20％的变化后，POSMC、FLC、SMC 和 VC 的有功功率峰值 $|P_e|$ 分别是 2.3％、19.7％、8％和 11.2％。对于电感 L_m 发生±20％的变化后，POSMC、FLC、SMC 和 VC 的有功功率峰值 $|P_e|$ 分别是 1.4％、22.5％、9.6％和 12.8％。可见，POSMC 在发电机定子电阻 R_s 和 d 轴电感 L_d 变化过程中有最小的有功功率峰值 $|P_e|$，即 POSMC 受发电机参数不确定性的影响最小，具有最强的鲁棒性。

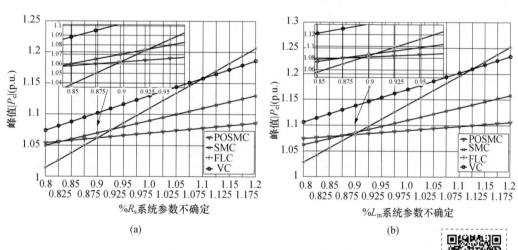

(a)　　　　　　　　　　　　　(b)

图 3.2.5　有功功率峰值 $|P_e|$ 对比图

（a）发电机定子电阻 R_s 不确定；（b）发电机 d 轴电感 L_d 不确定

彩图

4. 定量分析

表3.2.3列出了两种算例下各控制器的绝对误差（p.u.），选择仿真时间为 $T=15s$。根据绝对误差（IAE）的定义，可用其值的大小来定量评价POSMC的控制性能。

表3.2.3 两种算例下各控制器的绝对误差（p.u.）

算例 控制器	阶跃风速		随机风速	
	IAE_Q	IAE_{wr}	IAE_Q	IAE_{wr}
VC	2.18×10^{-2}	4.29×10^{-3}	4.77×10^{-3}	2.36×10^{-3}
FLC	1.43×10^{-2}	3.15×10^{-3}	3.79×10^{-3}	1.85×10^{-3}
SMC	1.04×10^{-2}	2.87×10^{-3}	2.08×10^{-3}	9.96×10^{-4}
POSMC	7.21×10^{-3}	1.24×10^{-3}	6.97×10^{-4}	4.71×10^{-4}

从表3.2.3中可看出，POSMC在两类风速下均具有最小的IAE指标，因此其控制性能为四者中最优。特别地，在随机风速下，POSMC的 IAE_Q 和 IAE_{wr} 分别是SMC的33.51%、58.45%，FLC的18.39%、37.46%，以及VC的14.61%、20.65%。

最后，研究两种算例下各控制器所需的总控制成本，该控制成本是通过分别求取 IAE_{vdr} 和 IAE_{vqr} 来获得每一种算例下总的控制器输出在时间上的积累值，即 $\int_0^T(|v_{dr}|+|v_{qr}|)dt$。该控制成本反映了在每一种算例下，控制器的整体控制输出（转子电压），其值越低表明需要的总的控制电压越低，反之亦然。对控制器的控制成本采用标幺值进行计算，其中基准值选取为 $v_r^{lim}=1.0p.u.$。表3.2.4列出了两种算例下不同控制器所需总控制成本（p.u.）可以发现，在阶跃风速下，POSMC的控制成本分别是VC、FLC和SMC的94.5%、98.8%和92.6%。在随机风速下，POSMC的控制成本分别是VC、FLC和SMC的97.3%、98.7%和94.9%。因此，POSMC在所有控制器中具有最低的控制成本。因为扰动的实时补偿使得系统非线性得以全局消除，从而降低了POSMC在不同运行点控制成本的无谓增加。POSMC具有最小的控制成本，这也就意味着它所需要的转子电压最小，从而在实际中可采用更小容量的功率半导体器件。

表3.2.4 两种算例下不同控制器所需的总控制成本（p.u.）

算例 控制器	阶跃风速	随机风速
VC	4.989	7.423
FLC	4.773	7.317
SMC	5.122	7.601
POSMC	4.716	7.219

3.2.3 小结

本节针对双馈感应电机系统设计 POSMC，主要内容可概括为五方面：

（1）POSMC 对双馈感应电机的系统非线性、参数不确定性以及随机风速进行快速估计和实时完全补偿，显著提高了双馈感应电机的系统鲁棒性，且获得在不同工况下全局一致的控制性能。

（2）从收敛性来说，SMSPO 的观测收敛性和 POSMC 的跟踪误差收敛性在第 2 章中均已得到证明。

（3）应用于双馈感应电机的 POSMC 补偿了扰动的实时估计值，从而有效避免了常规 SMC 过于保守的缺陷，因此 POSMC 能获得更为合理的控制成本与更优的控制性能。

（4）POSMC 无需精确的系统模型，仅需测量双馈感应电机系统的转子角速度和定子无功功率，因此 POSMC 与其他非线性控制器相比更易实现。

（5）Matlab 的仿真结果表明，基于 POSMC 的双馈感应电机在阶跃风速和随机风速下均可最大限度地获取风能并具有最低的控制成本。

3.3 基于扰动观测器的状态反馈控制

双馈感应电机系统是带有相对阶向量的多输入—多输出（MIMO）系统，如何设计相应的控制策略来实现其闭环系统的渐近稳定，是一个亟待解决的问题。本节利用反馈线性化的方法，采用基于扰动观测器的非线性状态估计，设计了 NRSEFC 来实现双馈感应电机的 MPPT。

3.3.1 非线性鲁棒状态估计反馈控制

反馈线性化其实是一种几何的设计方法[18,21]，其核心是相对阶和零动态。以最小相位系统为例，如果被控系统是最小相位的，即零动态是渐近稳定的，并且所有状态都可测，那么可以通过反馈线性化的方法来实现闭环系统在平衡点全部渐近稳定[22]。但如果系统的状态信息是不可测的，也就是说只有输出变量是可用于设计反馈控制，那么常规的状态反馈控制就不再适用。因此，需要设计一个 $n+1$ 阶的 SMSPO，一方面设计反馈控制增益项消除系统的非线性及各类建模不确定性；另一方面设计扰动观测器来渐近估计反馈中的状态变量，再用估计状态代替不可测状态来设计反馈，进而恢复反馈线性化方法的控制性能，并实现系统的鲁棒渐近稳定。首先，将风轮机的非线性、发电机参数不确定性，以及随机风速的综合影响聚合为一个扰动，同时应用 SMSPO 对该扰动进行实时快速估计。随后，将该扰动估计值作为附加控制分量加入到状态估计反馈控制中进行在线完全补偿。

本节设计的 NRSEFC 不依赖于精确的双馈感应电机系统模型，仅需测量转子角速度和无功功率两个状态量，另外，其兼具状态反馈线性控制的结构简单、可靠性高以及非线性鲁棒控制的控制全局一致性和强鲁棒性等优点。

考虑一个标准的 n 阶被控系统

$$\begin{cases} \dot{x} = \boldsymbol{A}x + \boldsymbol{B}[a(x) + b(x)u + d(t)] \\ y = x_1 \end{cases} \tag{3.3.1}$$

式中：$n \times n$ 阶矩阵 $\boldsymbol{A}$ 以及 $n \times 1$ 阶矩阵 $\boldsymbol{B}$ 为

$$\boldsymbol{A} = \begin{bmatrix} 0 & 1 & 0 & \cdots & 0 \\ 0 & 0 & 1 & \cdots & 0 \\ \vdots & \vdots & \vdots & \vdots & \vdots \\ 0 & 0 & 0 & \cdots & 1 \\ 0 & 0 & 0 & \cdots & 0 \end{bmatrix}, \quad \boldsymbol{B} = \begin{bmatrix} 0 \\ 0 \\ \vdots \\ 0 \\ 1 \end{bmatrix} \tag{3.3.2}$$

双馈感应电机转轴动态系统的扰动定义如下[14]

$$y(x, u, t) = a(x) + [b(x) - b_0]u + d(t) \tag{3.3.3}$$

定义一个虚拟状态来表示扰动，即 $x_{n+1} = \psi(\cdot)$。那么，原 n 阶系统可扩张为 $n+1$ 阶增广系统，其表达式为

$$\dot{\boldsymbol{x}}_e = \boldsymbol{A}_0 \boldsymbol{x}_e + \boldsymbol{B}_1 u + \boldsymbol{B}_2 \dot{\psi}(\cdot) \tag{3.3.4}$$

式中

$$\dot{\boldsymbol{x}}_e = [x_1, \ x_2, \ \cdots, \ x_n, \ x_{n+1}]^T$$
$$\boldsymbol{B}_1 = [0, \ 0, \ \cdots, \ b_0, \ 0]^T \varepsilon R^{(n+1)}$$
$$\boldsymbol{B}_2 = [0, \ 0, \ \cdots, \ 1]^T \varepsilon R^{(n+1)}$$

矩阵 $\boldsymbol{A}_0$ 表达式为

$$\boldsymbol{A}_0 = \begin{bmatrix} 0 & 1 & \cdots & \cdots & 0 \\ 0 & 0 & 1 & \cdots & 0 \\ \vdots & \vdots & \vdots & \vdots & \vdots \\ 0 & 0 & 0 & \cdots & 1 \\ 0 & 0 & 0 & \cdots & 0 \end{bmatrix}_{(n+1) \times (n+1)} \tag{3.3.5}$$

对于增广系统表达式（3.3.4），做出如下两点假设：

假设 3.3.1 控制增益 b_0 满足 $|b(x)/b_0 - 1| \leqslant \theta < 1$，其中 θ 为一正常数。

假设 3.3.2 函数 $\psi(x, u, t): R^n \times R \times R^+ \mapsto R$ 和 $\dot{\psi}(x, u, t): R^n \times R \times R^+ \mapsto R$ 满足局部 Lipschitz 条件，并满足 $\psi(0, 0, 0) = 0$ 和 $\dot{\psi}(0, 0, 0) = 0$。

基于以上两点假设，同时考虑最苛刻的情况，即只有一个系统状态量 x_1 可测量。对于增广系统表达式（3.3.4），设计一个 $n+1$ 阶 SMSPO 来估计系统状态与扰动，可得

$$
\begin{cases}
\dot{\hat{x}}_1 = \hat{x}_2 + \alpha_1 \widetilde{x}_1 + k_1 \mathrm{sat}(\widetilde{x}_1,\varepsilon_0) \\
\quad\quad\quad\vdots \\
\dot{\hat{x}}_n = \hat{\psi}(\cdot) + \alpha_n \widetilde{x}_1 + k_n \mathrm{sat}(\widetilde{x}_1,\varepsilon_0) + b_0 u \\
\dot{\hat{\psi}}(\cdot) = \alpha_{n+1}\widetilde{x}_1 + k_{n+1}\mathrm{sat}(\widetilde{x}_1,\varepsilon_0)
\end{cases}
\tag{3.3.6}
$$

使用状态和扰动估计值，针对一个标准 n 阶非线性系统 [式（3.3.1）]，NRSEFC 可设计如下

$$
u = b_0^{-1}\left[-\hat{\psi}(\cdot) + K_{\mathrm{P}}(\hat{x}_1 - x_1^*) + K_{\mathrm{D}}\frac{\mathrm{d}}{\mathrm{d}t}(\hat{x}_1 - x_1^*)\right]
\tag{3.3.7}
$$

式中：状态估计反馈控制增益 K_{P} 和 K_{D} 可近似地理解为经典 PID 控制中的比例与积分控制增益。相较于状态估计反馈控制，所引入的额外扰动估计值 $-\hat{\psi}(\cdot)$ 可完全消除系统的非线性及各类建模不确定性，进而实现控制全局一致性并显著提高鲁棒性。

为验证 NRSEFC 系统的稳定性，对其进行了如下分析与证明。

将式（3.3.3）代入式（3.3.4），可得到观测器的误差动态为

$$
\dot{\widetilde{x}}_{\mathrm{e1}} = A_1 \widetilde{x}_{\mathrm{e1}} + B_1 \dot{\psi}(\cdot)
\tag{3.3.8}
$$

式中：$\widetilde{x}_{\mathrm{e1}} = [\widetilde{x}_2 \cdots \widetilde{x}_{n+1}]^{\mathrm{T}}$；矩阵 A_1 和 B_1 表达式为

$$
A_1 = \begin{bmatrix}
-\dfrac{k_2}{k_1} & 1 & \cdots & \cdots & 0 \\
-\dfrac{k_3}{k_1} & 0 & 1 & \cdots & 0 \\
\cdots & \cdots & \cdots & \cdots & \cdots \\
-\dfrac{k_n}{k_1} & 0 & 0 & \cdots & 1 \\
-\dfrac{k_{n+1}}{k_1} & 0 & 0 & \cdots & 0
\end{bmatrix}, \quad
B_1 = \begin{bmatrix} 0 \\ \vdots \\ 0 \\ 1 \end{bmatrix}_{n\times 1}
\tag{3.3.9}
$$

定义状态变换为

$$
\widetilde{x}_i = \lambda_k^{i-2} z_i
\tag{3.3.10}
$$

将状态变量转换式（3.3.10）代入式（3.3.8），可得

$$
\dot{z} = \lambda M z + B_1 \frac{\dot{\psi}(\cdot)}{\lambda^{n-1}}
\tag{3.3.11}
$$

59

式中：$z=[z_2,\ z_3,\ \cdots,\ z_{n+1}]^{\mathrm{T}}$，矩阵 $\boldsymbol{M}$ 的表达式如下

$$\boldsymbol{M}=\begin{bmatrix} -C_n^1 & 1 & \cdots & \cdots & 0 \\ -C_n^2 & 0 & 1 & \cdots & 0 \\ \vdots & 0 & 0 & 0 & \vdots \\ -C_n^{n-1} & 0 & 0 & \cdots & 1 \\ -C_n^1 & 0 & 0 & \cdots & 0 \end{bmatrix} \tag{3.3.12}$$

控制器的控制函数（3.3.7）可写为

$$u=\frac{1}{b_0}(-x_{n+1}-\boldsymbol{K}x+\boldsymbol{K}_1\widetilde{x}_{\mathrm{el}}) \tag{3.3.13}$$

式中 $\boldsymbol{K}=[k_\mathrm{p},\ k_\mathrm{D},\ 0,\ \cdots,\ 0]^{\mathrm{T}}$，$\boldsymbol{K}_1=[k_2,\ 0,\ 0,\ \cdots,\ 1]^{\mathrm{T}}$

采用状态变量转换式（3.3.10），则闭环系统动态可表示为

$$\begin{cases} \dot{x}=\boldsymbol{A}_0 x+\boldsymbol{B}\boldsymbol{K}_1 z \\ \dot{z}=\lambda_k Mz+\boldsymbol{B}_1\dfrac{\dot{\psi}(\bullet)}{\lambda_k^{n-1}} \end{cases} \tag{3.3.14}$$

由假设 3.3.1（杨氏不等式）：$\forall a,b\in R^+$，$\forall p>1$，$\varepsilon_0>0$，则具有如下关系

$$ab\leqslant\frac{1}{\varepsilon_0}a^p+\varepsilon_0^{1/(p-1)}b^{p/(p-1)} \tag{3.3.15}$$

对于系统动态表达式（3.3.14），定义一个 Lyapunov 函数 $V_0(x)=x^{\mathrm{T}}P_0 x$，其中 $P_0\in R^{n\times n}$，是 Lyapunov 方程 $P_0\boldsymbol{A}_0+\boldsymbol{A}_0^{\mathrm{T}}P_0=-\boldsymbol{I}$ 的正定解，则有

$$\lambda_{\min}(P_0)\parallel x\parallel^2\leqslant V_0(x)\leqslant\lambda_{\max}(P_0)\parallel x\parallel^2 \tag{3.3.16}$$

$$\frac{\partial V_0(x)}{\partial x}A_0 x\leqslant-\parallel x\parallel^2 \tag{3.3.17}$$

$$\left\|\frac{\partial V_0(x)}{\partial x}\right\|\leqslant 2\lambda_{\max}(P_0)\parallel x\parallel \tag{3.3.18}$$

对于系统动态表达式（3.3.14），定义一个 Lyapunov 函数 $W_1(z)=\dfrac{1}{\lambda_k}z^{\mathrm{T}}P_1 z$，其中 $P_1\in R^{n\times n}$ 是 Lyapunov 方程 $P_1\boldsymbol{A}_1+\boldsymbol{A}_1^{\mathrm{T}}P_1=-\boldsymbol{I}$ 的正定解。

构建闭环系统式（3.3.14）的 Lyapunov 函数为

$$V(x,z)=V_0(x)+\beta W_1(z) \tag{3.3.19}$$

式中：$\beta>0$，其值待定，根据假设 3.3.2 可得

$$\parallel\dot{\psi}(\bullet)\parallel\leqslant L_1\parallel x\parallel+L_2\parallel z\parallel \tag{3.3.20}$$

式中：L_1 和 L_2 为 Lipschitz 常数。

基于闭环系统［式（3.3.14）］，使用不等式（3.3.15）、式（3.3.16）和式（3.3.18），

以及假设 3.3.1（其中取 $p=2$，$a=\parallel x\parallel$，以及 $b=\parallel z\parallel$），对 $V(x,z)$ 进行求导，可得

$$\dot{V}=-\parallel x\parallel^2+2x^{\mathrm{T}}P_0BK_1z-\beta\parallel z\parallel^2+2\beta z^{\mathrm{T}}P_1B_1\frac{\dot{\psi}(\cdot)}{\lambda_k^n}$$

$$\leqslant-\parallel x\parallel^2-\beta\parallel z\parallel^2+2\parallel P_0\parallel\parallel K_1\parallel\parallel x\parallel\parallel z\parallel$$

$$+\frac{2\beta}{\lambda_k^n}\parallel P_1\parallel\parallel z\parallel(L_1\parallel x\parallel+L_2\parallel z\parallel)$$

$$\leqslant-\parallel x\parallel^2-\beta\parallel z\parallel^2+\left(2\parallel P_0\parallel\parallel K_1\parallel+\frac{2L_1\beta}{\lambda_k^n}\parallel P_1\parallel\right) \quad (3.3.21)$$

$$\times\left(\frac{\parallel x\parallel^2}{\varepsilon_0}+\varepsilon_0\parallel z\parallel^2\right)+\frac{2L_2\beta}{\lambda_k^n}\parallel P_1\parallel\parallel z\parallel^2$$

$$\leqslant-\frac{1}{2}\parallel x\parallel^2-\frac{\beta}{2}\parallel z\parallel^2-b_1\parallel x\parallel^2-b_2\parallel z\parallel^2$$

其中

$$b_1=\frac{1}{2}-\frac{2}{\varepsilon_0}\left(\parallel K_1\parallel\parallel P_0\parallel+\frac{\beta L_1\parallel P_1\parallel}{\lambda_k^n}\right) \quad (3.3.22)$$

$$b_2=\frac{\beta}{2}-\frac{2\beta L_2\parallel P_1\parallel}{\lambda_k^n}-2\varepsilon_0\left(\parallel P_0\parallel\parallel K_1\parallel+\frac{\beta L_1\parallel P_1\parallel}{\lambda_k^n}\right) \quad (3.3.23)$$

式中：$\varepsilon_0>0$，可选取足够小的 β 以及 $\varepsilon_0\geqslant\varepsilon_0^*=4\parallel K_1\parallel\parallel P_0\parallel+\frac{4\beta L_1\parallel P_1\parallel}{\lambda_k^n}$，使得 $b_1>0$；再选取 $\varepsilon_1^*=\beta/(\varepsilon_0^{*2}+4\beta L_2\parallel P_1\parallel)$，对于 $\forall\varepsilon$，有 $\varepsilon\leqslant\varepsilon_1^*$，使得 $b_2>0$，因此可得如下关系

$$\dot{V}\leqslant-\min(1/2,\beta/(2\varepsilon))[\parallel x\parallel^2+\parallel z\parallel^2] \quad (3.3.24)$$

为证明采用式（3.3.7）后双馈感应电机系统的闭环稳定性，设定转速 ω_r 的系统方程各项为

$$A_1=\begin{bmatrix}-\dfrac{k_{12}}{k_{11}}&1\\[2mm]-\dfrac{k_{13}}{k_{11}}&0\end{bmatrix},\quad B=\begin{bmatrix}0\\1\end{bmatrix},\quad B_1=\begin{bmatrix}0\\0\\1\end{bmatrix},\quad A_0=\begin{bmatrix}0&1&0\\0&0&1\\0&0&0\end{bmatrix},$$

$$K=[K_{\mathrm{P1}},K_{\mathrm{D1}}]^{\mathrm{T}},\quad K_1=[k_{12},0,1]^{\mathrm{T}},\quad M=\begin{bmatrix}-3&1&0\\-3&0&1\\-1&0&0\end{bmatrix}$$

无功功率 Q_s 的系统方程各项为

$$A_1=-\frac{k_{22}}{k_{21}},\quad B=1,\quad B_1=\begin{bmatrix}0\\1\end{bmatrix},\quad A_0=\begin{bmatrix}0&1\\0&0\end{bmatrix},\quad K=K_{\mathrm{P2}},\quad K_1=[k_{22},1]^{\mathrm{T}},\quad M=\begin{bmatrix}-2&1\\-1&0\end{bmatrix}$$

将以上表达式代入式（3.3.8）～式（3.3.14）的证明中即可。至此，可证得闭环系统 [式（3.3.14）] 原点稳定。

3.3.2　控制器设计

与 3.2.1 节中针对双馈感应电机设计的 POSMC 类似，选取转子角速度和定子无功功率的控制误差 $\boldsymbol{e}=[e_1，e_2]^{\mathrm{T}}$ 为控制输出，则有

$$\begin{cases} e_1 = \omega_{\mathrm{r}} - \omega_{\mathrm{r}}^* \\ e_2 = Q_{\mathrm{s}} - Q_{\mathrm{s}}^* \end{cases} \tag{3.3.25}$$

对式（3.3.25）求导直至控制输入 v_{dr} 和 v_{qr} 显性出现，可得

$$\begin{bmatrix} \ddot{e}_1 \\ \dot{e}_2 \end{bmatrix} = \begin{bmatrix} f_1 - \ddot{\omega}_{\mathrm{r}}^* \\ f_2 - \dot{Q}_{\mathrm{s}}^* \end{bmatrix} + \boldsymbol{B} \begin{bmatrix} v_{\mathrm{dr}} \\ v_{\mathrm{qr}} \end{bmatrix} \tag{3.3.26}$$

定义式（3.3.26）所述系统的扰动 $\psi_1(\cdot)$ 和 $\psi_2(\cdot)$ 为

$$\begin{bmatrix} \psi_1(\cdot) \\ \psi_2(\cdot) \end{bmatrix} = \begin{bmatrix} f_1 \\ f_2 \end{bmatrix} + (\boldsymbol{B} - \boldsymbol{B}_0) \begin{bmatrix} v_{\mathrm{dr}} \\ v_{\mathrm{qr}} \end{bmatrix} \tag{3.3.27}$$

式中：定常数控制增益矩阵 $\boldsymbol{B}_0$ 选取为

$$\boldsymbol{B}_0 = \begin{bmatrix} b_{11} & 0 \\ 0 & b_{22} \end{bmatrix} \tag{3.3.28}$$

因此，式（3.3.26）所述系统可等价于

$$\begin{bmatrix} \ddot{e}_1 \\ \dot{e}_2 \end{bmatrix} = \begin{bmatrix} \psi_1(\cdot) \\ \psi_2(\cdot) \end{bmatrix} + \boldsymbol{B}_0 \begin{bmatrix} v_{\mathrm{dr}} \\ v_{\mathrm{qr}} \end{bmatrix} - \begin{bmatrix} \ddot{\omega}_{\mathrm{r}}^* \\ \dot{Q}_{\mathrm{s}}^* \end{bmatrix} \tag{3.3.29}$$

定义状态 $z_{11}=\omega_{\mathrm{r}}$ 以及 $z_{11}=\dot{z}_{11}$，应用一个三阶 SMSPO 来估计 $\psi_1(\cdot)$，可得

$$\begin{cases} \dot{\hat{z}}_{11} = \hat{z}_{12} + \alpha_{11}\widetilde{\omega}_{\mathrm{r}} + k_{11}\mathrm{sat}(\widetilde{\omega}_{\mathrm{r}},\varepsilon_0) \\ \dot{\hat{z}}_{12} = \hat{\psi}_1(\cdot) + \alpha_{12}\widetilde{\omega}_{\mathrm{r}} + k_{12}\mathrm{sat}(\widetilde{\omega}_{\mathrm{r}},\varepsilon_0) + b_{11}v_{\mathrm{dr}} \\ \dot{\hat{\psi}}_1(\cdot) = \alpha_{13}\widetilde{\omega}_{\mathrm{r}} + k_{13}\mathrm{sat}(\widetilde{\omega}_{\mathrm{r}},\varepsilon_0) \end{cases} \tag{3.3.30}$$

式中：k_{11}、k_{12}、k_{13}、α_{11}、α_{12}、α_{13} 是观测器的增益，均为正常数。

同理，定义状态 $z_{21}=Q_{\mathrm{s}}$，设计一个二阶 SMPO 来估计 $\psi_2(\cdot)$，可得

$$\begin{cases} \dot{\hat{z}}_{21} = \hat{\psi}_2 + \alpha_{21}\widetilde{Q}_{\mathrm{s}} + k_{21}\mathrm{sat}(\widetilde{Q}_{\mathrm{s}},\varepsilon_0) + b_{22}v_{\mathrm{qr}} \\ \dot{\hat{\psi}}_2 = \alpha_{22}\widetilde{Q}_{\mathrm{s}} + k_{22}\mathrm{sat}(\widetilde{Q}_{\mathrm{s}},\varepsilon_0) \end{cases} \tag{3.3.31}$$

式中：观测器增益 k_{21}、k_{22}、α_{21}、α_{22} 均为正常数。

至此，双馈感应电机系统的 NRSEFC 可设计如下

$$\begin{bmatrix} v_{\mathrm{dr}} \\ v_{\mathrm{qr}} \end{bmatrix} = \boldsymbol{B}_0^{-1} \begin{bmatrix} -\hat{\psi}_1(\bullet) + K_{\mathrm{P1}}(\hat{\omega}_{\mathrm{r}} - \omega_{\mathrm{r}}^*) + K_{\mathrm{D1}} \dfrac{\mathrm{d}}{\mathrm{d}t}(\hat{\omega}_{\mathrm{r}} - \omega_{\mathrm{r}}^*) \\ -\hat{\psi}_2(\bullet) + K_{\mathrm{P2}}(\hat{Q}_{\mathrm{s}} - Q_{\mathrm{s}}^*) + K_{\mathrm{D2}} \dfrac{\mathrm{d}}{\mathrm{d}t}(\hat{Q}_{\mathrm{s}} - Q_{\mathrm{s}}^*) \end{bmatrix} \tag{3.3.32}$$

需注意的是，$-\hat{\psi}_1(\bullet)$ 和 $-\hat{\psi}_2(\bullet)$ 的引入将对双馈感应电机的非线性以及各类不确定性进行实时地完全补偿，从而实现控制全局一致性和鲁棒性。合理选取状态估计反馈控制增益 K_{P1}、K_{P2}、K_{D1}、K_{D2} 即可获得所需的双馈感应电机系统的动态响应。不同于常规的 PID 控制，由于 NRSEFC 所引入的控制矩阵 $\boldsymbol{B}_0$ 是一个对角矩阵，其对 d‑q 轴实现了完全解耦。因此，d‑q 轴方向的不同选取不会导致控制性能的改变。

双馈感应电机的 NRSEFC 整体框架如图 3.3.1 所示。需要指出的是，NRSEFC 不

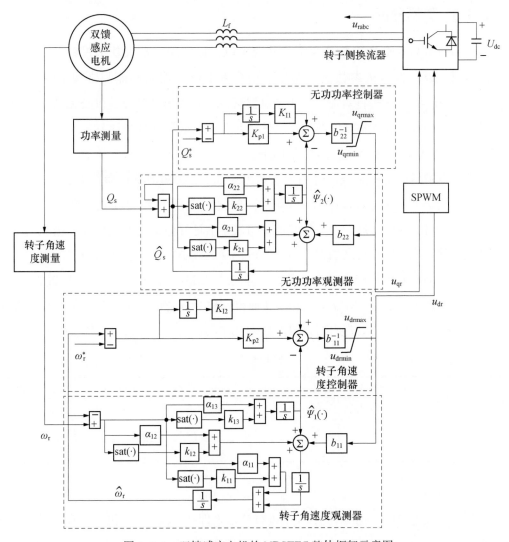

图 3.3.1　双馈感应电机的 NRSEFC 整体框架示意图

依赖于系统精确模型，仅需测量转子角速度 ω_r 与定子无功功率 Q_s 两个状态。因此，相较于其他复杂非线性鲁棒控制，NRSEFC 的设计结构简单，更易于硬件实现。另外，不同于常规 PID 控制中需引入电流环的设计，NRSEFC 基于非线性控制理论，仅需要无功功率与转速即可实现控制。从机理上来说，NRSEFC 通过在线估计并实时完全补偿扰动项后，双馈感应电机等价为一个仅由转速和无功功率组成的线性系统，转子电流的动态则聚合在扰动 $\psi_1(\cdot)$ 与 $\psi_2(\cdot)$ 中并被控制器实时完全补偿，故不会对闭环系统造成任何影响。因此，双馈感应电机系统动态将仅由转速和无功功率来决定。对于电流部分，无法通过 NRSEFC 对其进行直接的限制。本策略同样采用装设额外的过电流保护装置来限制动态过程电流。

3.3.3 算例分析

本小节将所提 NRSEFC 应用于双馈感应电机上以实现其最大功率跟踪，在阶跃风速、随机风速以及发电机参数测量误差三个算例下将其控制性能与常规 PI 控制[26]、SMC[27]，以及 ANC[15] 进行对比。由于控制器引入了转速的二阶导数以及无功功率的一阶导数，通过仿真与硬件在环实验的反复试错，分别选取转速的二阶导数变化幅值不超过 100，无功功率的一阶导数变化幅值不超过 50。

另外，双馈感应电机系统的各系统参数见表 3.2.1，NRSEFC 参数见表 3.3.1。在此，通过试错法可发现将 Luenberger 观测器的极点 $-\lambda_a$ 及滑模多项式的极点 $-\lambda_k$ 置于 $[-5，-30]$ 可获得较合理的误差估计速率与误差估计峰值的平衡（较大的极点会导致较快的误差估计速率但是较高的误差估计峰值，反之较小的极点会导致较慢的误差估计速率以及较小的误差估计峰值）[28]。因此，将三阶 SMSPO 的 $-\lambda_a$ 和 $-\lambda_k$ 均置于 -10；二阶 SMPO 的 $-\lambda_a$ 和 $-\lambda_k$ 均置于 -20，从而得到较为满意的误差估计性能。反馈控制增益 K_{P1}、K_{P2}、K_{D1}、K_{D2} 以及定常数控制增益矩阵 $\boldsymbol{B}_0$ 的选取亦通过试错法确定。

表 3.3.1   NRSEFC 参数

转子角速度控制	$b_{11}=-5000$	$K_{P1}=-1500$	$K_{D1}=-1000$	$\alpha_{11}=30$	$\alpha_{12}=300$
	$\alpha_{13}=1000$	$k_{11}=20$	$k_{12}=600$	$k_{13}=6000$	
无功功率控制	$b_{22}=-2000$	$K_{P2}=-800$	$K_{D2}=-500$	$\alpha_{21}=40$	$\alpha_{22}=400$
	$k_{21}=15$	$k_{22}=600$	$\varepsilon_0=0.1$		

1. 阶跃风速

采用三个风速阶跃变化对 NRSEFC 进行测试，即在 5、12.5s 和 20s 的时刻风速分别产生 8~10、10~12m/s 以及 12~9m/s 三个阶跃变化，其中风速改变的斜率为 10m/s^2，

图 3.3.2 为双馈感应电机系统 MPPT 性能。

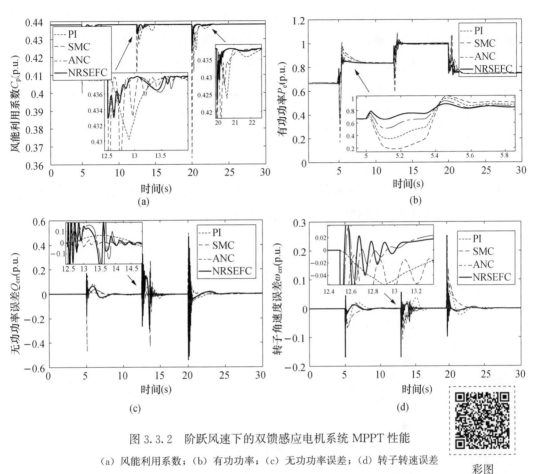

图 3.3.2　阶跃风速下的双馈感应电机系统 MPPT 性能
(a) 风能利用系数；(b) 有功功率；(c) 无功功率误差；(d) 转子转速误差

彩图

图 3.3.2 (a) 所示为风速阶跃变化时，双馈感应电机风能利用系数的变化过程。由图可见，相较于其他控制器，NRSEFC 的响应速度最快，且始终最为接近最优风能利用系数 0.438p.u.，在每一次风速阶跃变化时，NRSEFC 受风速突变的影响最小。而 PI 的风能利用系数受风速突变的影响最为严重。

图 3.3.2 (b)、(c) 所示为风速阶跃变化时，系统有功功率和无功功率误差的变化过程。由图可见，NRSEFC 可快速地获取最大风能并快速调节有功功率和无功功率。同时，NESEFC 具有最小的功率超调量，在风速第一次阶跃变化时，NRSEFC 的超调量仅为 PI 的 18.6% 以及快速追踪最优功率曲线的能力。

图 3.3.2 (d) 所示为风速阶跃变化时转子转速误差的变化过程。由图可见，双馈感应电机在三次阶跃风速下（5、12.5、20s）的转速最大变化分别是 7.5%、7.5%、9.8%（PI），8.2%、9.4%、8.1%（SMC），3.3%、3.2%、3.1%（NRSEFC），NRSEFC 的转子转速误差最小。从仿真结果中看，有功功率和无功功率的响应中 PI 相

较 SMC 和 NRSEFC 相比的波动并不太大，且其波动值从双馈感应电机系统的运行角度来看也是可以接受的（转子角速度误差≤10％，无功功率误差≤11.5％）。仅在 20s 时的风速阶跃变化时 PI 的波动较大，这是由于 PI 参数的选取主要是基于非线性系统在某一运行点处的线性化方程确定的，当运行点发生较大改变后其控制性能将会有所降低。需要注意的是，对于在风速阶跃后 NRSEFC 在 12.5s 处产生的两次振荡主要是由于在 12.5s 处风速从 10m/s 上升至 12m/s 的过程中，超过了 SMSPO 的层宽系数 $\varepsilon_0 = 0.1$ 的幅值所引起的。

2. 随机风速

图 3.3.3 所示为在 0～15s 时间内风速在 8～12m/s 范围内随机变化的曲线图。图 3.3.4 所示为随机风速下双馈感应电机系统 MPPT 性能。

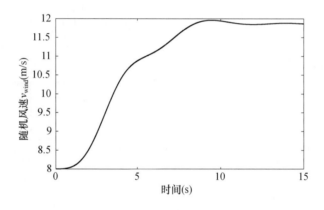

图 3.3.3　随机风速变化曲线

图 3.3.4（a）所示为风速随机变化时，双馈感应电机风能利用系数的变化过程。从图中可以看出，相较于其他控制器，NRSEFC 在随机风速下的风能利用系数最接近于最佳值，且最为稳定。因此，NRSEFC 可以在随机风速变化下获取最大风能。

图 3.3.4（b）所示为风速随机变化时，系统有功功率的变化过程。可见，SMC 和 NRSEFC 的功率跟踪性能相对较好，收敛速度也较快。

图 3.3.4（c）、（d）所示为风速随机变化时，无功功率误差和转子转速误差的变化过程。从图中可以看出，相比较而言，NRSEFC 的转子角速度误差和定子无功功率的振荡最小。NRSEFC 具有最小的转子转速误差（在第一个波谷处仅为 SMC 的 39.2％）和无功功率误差（在第一个波谷处仅为 PI 控制的 18.2％），这得益于 NRSEFC 对随机风速所采取的实时完全补偿。

3. 发电机参数测量误差

为测试各控制器在发电机参数测量误差下的鲁棒性能，研究定子电阻 R_s 和互感 L_m 在

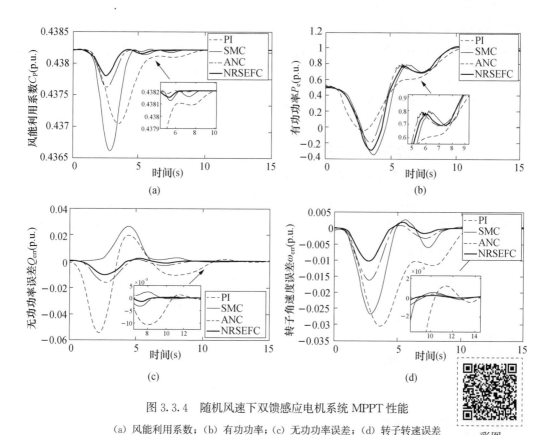

图 3.3.4　随机风速下双馈感应电机系统 MPPT 性能

（a）风能利用系数；（b）有功功率；（c）无功功率误差；（d）转子转速误差

彩图

标称参数附近产生±20％的测量误差对双馈感应电机系统动态响应的影响。假设电网发生一个持续时间为 0.1s，幅值为 0.25p.u. 的电压跌落，该情况下有功功率峰值 $|P_e|$ 对比如图 3.3.5 所示。

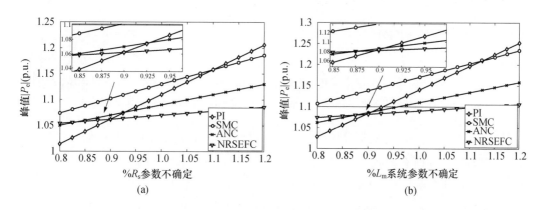

图 3.3.5　有功功率峰值 $|P_e|$ 对比图

（a）发电机定子电阻 R_s 不确定；（b）发电机 d 轴电感 L_d 不确定

由图 3.3.5 可见，在 PI 控制、SMC、ANC、NRSEFC 下，对于互感 L_m 发生±20％

的变化后，有功功率$|P_e|$的峰值绝对值变化分别为 18.13％、10.28％、6.57％、2.11％。显然，NRSEFC 在系统参数不确定下具有最高的鲁棒性。这是由于 NRSEFC 基于扰动观测器方法并采用了反馈控制增益项消除系统的非线性及各类建模不确定性，因此可以大幅提高被控系统在系统参数不确定情况下的鲁棒性能。

4. 机端电压跌落

为测试 NRSEFC 的动态响应特性，在 $t=1$s 时刻发生一个持续 0.2s 的 60％机端电压跌落[29,30]，各控制器下的双馈感应电机系统动态响应如图 3.3.6 所示。

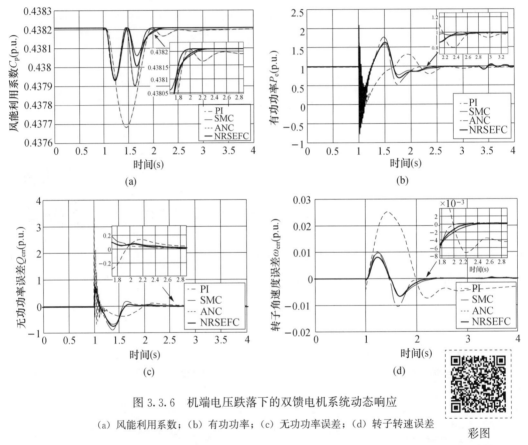

图 3.3.6　机端电压跌落下的双馈电机系统动态响应
(a) 风能利用系数；(b) 有功功率；(c) 无功功率误差；(d) 转子转速误差

彩图

图 3.3.6 (a) 所示为机端电压跌落时，双馈感应电机风能利用系数的变化过程。从图中可以看出，在所有控制器中，在机端电压跌落时，PI 控制器的调节速度最慢，跟踪电网电压的能力较差，而 SMC 和 NRSEFC 的风能利用系数波动变化较小，显示了良好的抗干扰能力。因此，NRSEFC 可以在机端电压跌落情况下稳定地获取最大风能。

图 3.3.6 (b) 所示为机端电压跌落时，系统有功功率的变化过程。从图中可以看出，SMC 和 NRSEFCC 的功率跟踪性能较好，收敛速度较快，说明 NRSEFC 可以以最快速度恢复受扰后的双馈感应电机的有功功率。

另外，从图 3.3.6（c）无功功率误差的变化和图 3.3.6（d）转子转速误差的变化中可以明显看出，NRSEFC 在机端电压跌落时，具有最小的无功功率误差和转子转速误差。由此，NRSEFC 具有四者中最佳的故障抑制能力，即对电压扰动具有最强的鲁棒性。与传统的 PI 控制相比，它更适用于有广义扰动存在的双馈感应电机系统中。

5. 定量分析

最大功率跟踪下各控制的 IAE 指标（p. u.）见表 3.3.2，仿真时间为 $T = 30s$。IAE_Q 和 IAE_w 分别表示了无功功率和转子角速度在时间段 T 内相较于其无功功率参考值和转子角速度参考值的误差积累。根据 IAE 的定义，IAE 的值越小说明整体的控制误差越小，因此可用其值的大小来定量评价控制性能。

表 3.3.2　　　　　　　　最大功率跟踪下的各控制 IAE 指标（p. u.）

算例 控制器	阶跃风速		随机风速		机端电压跌落	
	IAE_Q	IAE_w	IAE_Q	IAE_w	IAE_Q	IAE_w
PI	1.58×10^{-2}	4.11×10^{-3}	4.56×10^{-3}	2.17×10^{-3}	3.26×10^{-2}	1.98×10^{-2}
SMC	1.28×10^{-2}	2.57×10^{-3}	2.29×10^{-3}	9.75×10^{-4}	2.73×10^{-2}	1.17×10^{-2}
ANC	9.6×10^{-3}	1.67×10^{-3}	9.96×10^{-4}	6.18×10^{-4}	2.41×10^{-2}	1.03×10^{-2}
NRSEFC	7.11×10^{-3}	1.19×10^{-3}	8.76×10^{-4}	4.16×10^{-4}	2.07×10^{-2}	9.44×10^{-3}

从表 3.3.2 中可发现，NRSEFC 在实现 MPPT 时均具有最小的控制误差，因此其控制性能为四者中最优。特别地，在阶跃风速下，NRSEFC 的 IAE_Q 和 IAE_w 分别只有 PI 控制的 45.00% 和 28.95%，SMC 的 55.55% 和 46.30%，以及 ANC 的 73.68% 和 71.26%。在随机风速场景下，NRSEFC 的 IAE_Q 和 IAE_w 分别只有 PI 控制的 19.21% 和 19.17%，SMC 的 38.25% 和 42.67%，以及 ANC 的 87.95% 和 67.31%。

两种算例下四种控制的总控制成本见表 3.3.3。表 3.3.3 表明，NRSEFC 均具有最低的控制成本。首先，扰动的实时补偿使得系统非线性得以全局消除，从而降低了 NRSEFC 在不同运行点控制成本的无谓增加；其次，SMC 的强鲁棒性的获取是通过牺牲其控制成本来实现的，即 SMC 的控制效果偏保守；最后，NRSEFC 具有最小的控制成本，这也就意味着它所需要的转子电压最小，从而在实际中可采用更小容量的功率半导体器件。因此，NRSEFC 兼具双方的优点并尽可能地规避了双方的不足。

表 3.3.3　　　　　　两种算例下四种控制器所需的总控制成本（p.u.）

算例 控制器	阶跃风速	随机风速	机端电压跌落
PI	0.821	1.792	1.231
SMC	0.966	1.742	1.187
ANC	0.821	1.697	1.156
NRSEFC	0.711	1.631	1.124

3.3.4　硬件在环实验

本小节基于 dSpace 进行 HIL 实验以验证 NRSEFC 的硬件可行性。其中，控制器 [式（3.3.32）] 置于 dSpace 的 DS1104 平台，其采样频率为 $f_c=1\text{kHz}$；双馈感应电机系统则置于 dSpace 的 DS1006 平台，其采样频率为 $f_s=50\text{kHz}$，旨在 HIL 实验可以最大限度地模拟实际发电机[31,32]。NRSEFC 的 HIL 系统框架和实验平台分别如图 3.3.7 和图 3.3.8 所示。

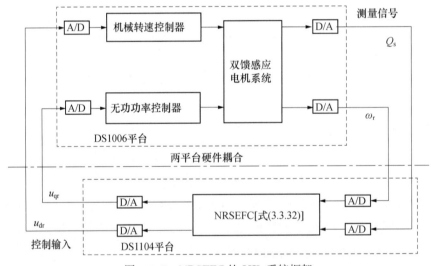

图 3.3.7　NRSEFC 的 HIL 系统框架

首先测试 NRSEFC 在阶跃风速下的控制性能，系统响应如图 3.3.9 所示。由图可见，NRSEFC 可较好地追踪参考风速，HIL 实验结果与仿真实验结果的控制性能大致相同。

随后测试 NRSEFC 在随机风速下的控制性能，系统响应如图 3.3.10 所示。由图可见，NRSEFC 可在随机风速下有效地捕获最大风能，且 HIL 实验结果与仿真实验结果的控制性能的拟合度很高。

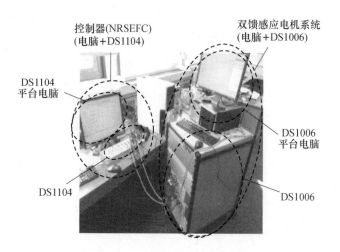

图 3.3.8　NRSEFC 的 HIL 实验平台

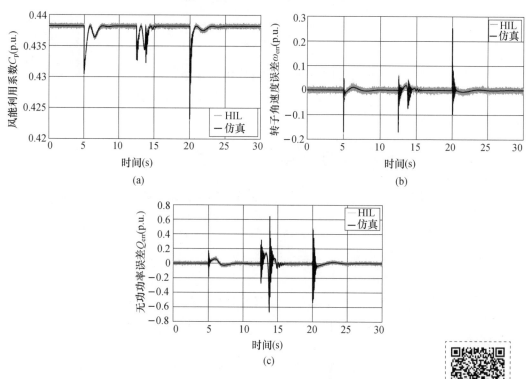

图 3.3.9　阶跃风速下的 HIL 系统响应图

（a）风能利用系数；（b）转子角速度误差；（c）无功功率误差

彩图

　　最后测试 NRSEFC 在机端电压跌落下的控制性能，系统响应如图 3.3.11 所示。由图可见，NRSEFC 可在电压跌落后快速地抑制功率振荡并恢复受扰系统，且 HIL 实验结果与仿真结果具有相同的收敛速度。

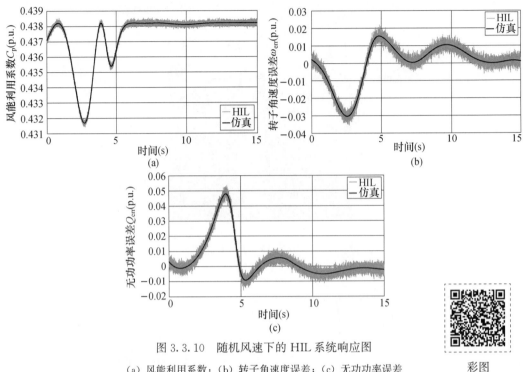

图 3.3.10　随机风速下的 HIL 系统响应图

（a）风能利用系数；（b）转子角速度误差；（c）无功功率误差

彩图

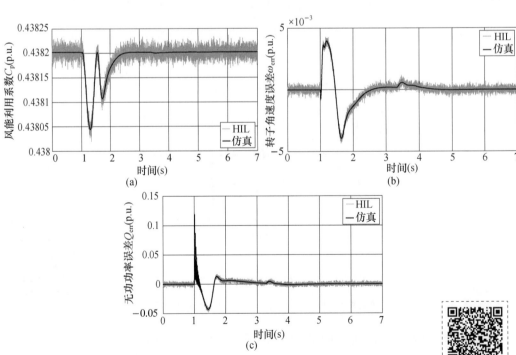

图 3.3.11　机端电压跌落下的 HIL 系统响应图

（a）风能利用系数；（b）转子角速度误差；（c）无功功率误差

彩图

上述 HIL 实验结果与仿真结果的差异主要是由于信号测量误差，控制器低采样频率以及控制信号传输延时引起。至此，HIL 实验结果有效验证了 NRSEFC 的应用可行性。

3.3.5 小结

本节设计了一款新型的非线性鲁棒状态估计反馈控制以实现双馈感应电机的 MPPT，其主要研究内容可总结为如下几点：

（1）NRSEFC 的反馈控制增益项消除了系统的非线性及各类建模不确定性，通过设计反馈，恢复了反馈线性化方法的控制性能，实现了系统的鲁棒渐近稳定以及控制的全局一致性。

（2）NRSEFC 仅需测量转子角速度和无功功率，不依赖双馈感应电机系统的精确模型，易于实现。

（3）应用于双馈感应电机的 NRSEFC 补偿了扰动的实时估计值，兼具状态估计反馈控制的结构简单、可靠性高以及非线性鲁棒控制的控制全局一致性和强鲁棒性等双方各自优点，同时尽可能地规避了双方的不足。

（4）基于阶跃风速、随机风速、发电机参数测量误差以及机端电压跌落四个仿真算例表明，NRSEFC 能够在不同运行状态下平滑、快速地获取最大风能，同时在发电机参数测量误差下，NRSEFC 可提供较高鲁棒性和最小的控制成本。

（5）从可行性来说，基于 dSpace 的硬件在环实验验证了 NRSEFC 的硬件实现可行性。

为实现 NRSEFC 更优的控制性能并提高工程实用性，考虑今后的研究方向如下：

（1）采用各类优化算法，如启发式算法等来求解 NRSEFC 的最优控制参数。

（2）应用 NRSEFC 到电网侧换流器，以提高双馈感应电机的 LVRT 能力。

（3）应用 NRSEFC 到真实的小型双馈感应电机上以进一步验证其工程可行性。

参考文献

[1] 舒印彪，薛禹胜，蔡斌，等．关于能源转型分析的评述（二）：不确定性及其应对［J］．电力系统自动化，2018，42（10）：1-12.

[2] 赵仁德，王永军，张加胜．直驱式永磁同步风力发电系统最大功率追踪控制［J］．中国电机工程学报，2009，29（27）：106-111.

[3] 艾超，陈立娟，孔祥东，等．反馈线性化在液压型风力发电机组功率追踪中的应用［J］．控制理论与应用，2016，33（7）：915-922.

[4] 刘淳，张兴，周宏林，等．含无刷双馈感应电机的风电系统低电压穿越极限控制能力分析［J］．电力系统自动化，2016，40（17）：122-128.

［5］ 刘新宇．双馈风力发电机励磁控制技术［M］．北京：中国电力出版社，2015：29 - 30.

［6］ 范晓旭，吕跃刚，白焰，等．双馈风力发电机运行控制及其空间矢量策略［J］．可再生能源，2010，28（1）：11 - 16.

［7］ Yang B，Zhang X S，Yu T，et al．Grouped grey wolf optimizer for maximum power point tracking of doubly - fed induction generator based wind turbine［J］．Energy Conversion and Management，2017，133：427 - 443.

［8］ Guo L，Meng Z，Sun Y Z，et al．Parameter identification and sensitivity analysis of solar cell models with cat swarm optimization algorithm［J］．Energy Conversion and Management，2016，108：520 - 528.

［9］ 韩鹏，李银红，何璇，等．结合量子粒子群算法的光伏多峰最大功率点跟踪改进方法［J］．电力系统自动化，2016，40（23）：101 - 108.

［10］ Yang B，Yu T，Shu H C，et al．Democratic joint operations algorithm for optimal power extraction of PMSG based wind energy conversion system［J］．Energy Conversion and Management，2018，159：312 - 326.

［11］ Chen J，Jiang L，Yao W，et al．A feedback linearization control strategy for maximum power point tracking of a PMSG based wind turbine［C］．International Conference on Renewable Energy Research and Applications，Madrid，Spain. IEEE，2013，20 - 23.

［12］ Errouissi R，Al - durra A，Muyeen S M，et al．Offset - free direct power control of DFIG under continuous - time model predictive control［J］．IEEE Transactions on Power Electronics，2017，32（3）：2265 - 2277.

［13］ Ebrahimkhani S. Robust fractional order sliding mode control of doubly - fed induction generator (DFIG) - based wind turbines［J］．ISA Transactions，2016，63：343 - 354.

［14］ Gao S H，Mao C X，Wang D，et al．Dynamic performance improvement of DFIG - based WT using NADRC current regulators［J］．International Journal of Electrical Power and Energy Systems，2016，82：363 - 372.

［15］ Mauricio J M，Leon A E，Gomez - Exposito A，et al．An adaptive nonlinear controller for DFIM - based wind energy conversion systems［J］．IEEE Transactions on Energy Conversion，2008，23（4）：1025 - 1035.

［16］ Guo W T，Liu F，Si J，et al．Approximate dynamic programming based supplementary reactive power control for DFIG wind farm to enhance power system stability［J］．Neurocomputing，2015，170：417 - 427.

［17］ Yang B，Jiang L，Yu T，et al．Passive control design for multi - terminal VSC - HVDC systems via energy shaping［J］．International Journal of Electrical Power & Energy Systems，2018，98：496 - 508.

［18］ Wu J C，Liu T S. A sliding‐mode approach to fuzzy control design ［J］. IEEE Transactions on Control Systems Technology，1996，4（2）：141‐151.

［19］ Ljung L. Asymptotic behavior of the extended Kalman filter as a parameter estimator for linear systems ［J］. IEEE Transaction on Automatic Control，1979，AC‐24（1）：36‐50.

［20］ Bierman G J. Measurement updating using the U‐D factorization ［J］. Automatica，1976，12：375‐382.

［21］ Bierman G J，Thornton C L. Numerical comparison of Kalman filter algorithms：orbit determination case study ［J］. Automatica，1977，13（1）：23‐35.

［22］ Sussmann H J，Kokotovic P V. The peaking phenomenon and the global stabilization of nonlinear systems ［J］. IEEE Transactions on automatic control，1991，36（4）：424‐440.

［23］ Yang B，Hu Y L，Huang H Y，et al. Perturbation estimation based robust state feedback control for grid connected DFIG wind energy conversion system ［J］. International Journal of Hydrogen Energy，2017，42（33）：20994‐21005.

［24］ Yang B，Yu T，Shu H C，et al. Robust sliding‐mode control of wind energy conversion systems for optimal power extraction via nonlinear perturbation observers ［J］. Applied Energy，2018，210：711‐723.

［25］ Liu Y，Wu Q H，Zhou X X，et al. Perturbation observer based multiloop control for the DFIG‐WT in multimachine power system ［J］. IEEE Transactions on Power Systems，2014，29（6）：2905‐2915.

［26］ Li S，Haskew T A，Williams K A，et al. Control of DFIG wind turbine with direct‐current vector control configuration ［J］. IEEE Transactions on Sustainable Energy，2012，3（1）：1‐11.

［27］ Saad N H，Sattar A A，Mansour A E M. Low voltage ride through of doubly‐fed induction generator connected to the grid using sliding mode control strategy ［J］. Renewable Energy，2015，80：583‐594.

［28］ Yang B，Sang Y Y，Shi K，et al. Design and real‐time implementation of perturbation observer‐based sliding‐mode control for VSC‐HVDC systems ［J］. Control Engineering Practice，2016，56：13‐26.

［29］ 赵兴勇. 直驱永磁同步风力发电机组低电压穿越控制策略 ［J］. 中国电力，2011，44（5）：74‐77.

［30］ 施凯，叶海涵，徐培凤，等. 基于欠励磁状态运行的虚拟同步发电机低电压穿越控制策略 ［J］. 电力系统自动化，2018，42（9）：134‐139.

［31］ Huerta F，Tello R L，Prodanovic M. Real‐time power‐hardware‐in‐the‐loop implementation of variable‐speed wind turbines ［J］. IEEE Transactions on Industrial Electronics，2017，64（3）：1893‐1904.

［32］ Yang B，Yu T，Shu H C，et al. Passivity‐based sliding‐mode control design for optimal power extraction of a PMSG based variable speed wind turbine ［J］. Renewable Energy. 2018，119：577‐589.

4 并网光伏逆变器非线性鲁棒控制设计

4.1 并网光伏逆变器控制策略概述

一个完整的光伏发电系统由光伏阵列、并网光伏逆变器和电网共同构成。光伏阵列是将太阳能转变成电能的重要结构，负责吸收太阳能并产生直流电能，是整个系统的能量来源。光伏阵列的工况决定着光伏系统的安全和效益，光伏系统的光电转换效率很大程度上取决于光伏阵列的输出特性。电网负责接收交流形式的电能后合理分配给用户供电。并网光伏逆变器是光伏电池与公共电网之间的核心环节，实现了直流电向交流电转变的功能并网逆变器的控制技术，对光伏系统的能量转换效率和并网的电能质量影响很大。

光伏电池作为光伏阵列的重要组成部分，其能够达到的最高能量转换效率可达21%，整个光伏系统的能量转换效率通常为 15%~17%，在实际运行中，系统的实际转换效率可能更低。而且光伏阵列的输出特性会受到多重因素的影响，如光照、温度、工作电压、负荷状态以及部分遮蔽条件（partial shadow condition，PSC）等，这些因素将会导致光伏系统的输出功率变化频繁且变化幅度较大，因此寻找一种优良的 MPPT 算法以实现光伏阵列的最优输出特性尤为关键。在实际工程中，保证了光伏系统运行安全、可靠、稳定的前提下，在复杂的天气条件下尽可能多地利用太阳能，即实现光伏系统的MPPT 是一项重要的控制任务，且对 MPPT 算法的性能具有较高要求[1,2]。另外，光伏并网逆变器的结构复杂，具有强耦合性与非线性，因而极易受到内部参数变化和外界扰动的影响，使得光伏系统难以保持高效的能量输出和稳定的并网运行。分布式电源产生的电能要想注入公共电网中，必须满足电能质量要求，选择适当的并网逆变器控制策略才能保障并网系统的稳定高效。简言之，在系统拓扑结构一定的情况下，传输给电网的功率直接取决于 MPPT 控制器的控制算法和光伏逆变器的控制策略[3]。光伏系统的控制原理框图如图 4.1.1 所示。

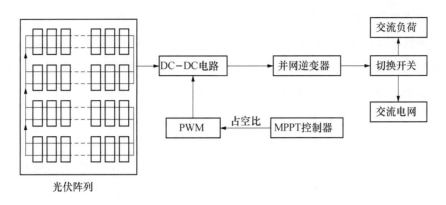

图 4.1.1 光伏系统的控制原理框图

传统的 MPPT 控制算法由于结构简单、可靠性高，在光伏系统中已得到了广泛应用[4]，如常规的扰动观测法（perturb & observe，P&O)[5] 和增量电导法（incremental conductance，INC)[6]，它们可以在均匀的太阳辐射下获得令人满意的 MPPT 性能，但是这些算法难以满足 PSC 下光伏系统的最大功率输出。因此在实际工程应用中，常常对 MPPT 控制算法进行改进，如改进的变步长扰动观测法[7]、改进的变步长电导增量法[8] 等。为了探寻 PSC 下的最优 MPPT 控制，国内外许多学者将各种先进的元启发式算法和人工智能算法应用于光伏系统中，如遗传算法[9]、粒子群优化[10]、布谷鸟搜索[11]、BP 神经网络[12]、模糊逻辑控制[13] 等。

鉴于学者们的研究分析可知，这些方法具有良好抗扰动性和灵活性，可以很好地解决非线性问题，基于此设计的 MPPT 控制器，能有效地保证光伏系统良好的发电效率和稳定的输出。因此，为实现光伏阵列最优的输出特性，利用启发式算法和智能算法的优点，本章 4.3 节和 4.4 节分别提出了改进的樽海鞘群算法（modified salp swarm algorithm，MSSA）和迁移强化学习（transfer reinforcement learning，TRL）算法，并将其应用于光伏发电系统中，设计了基于 MSSA 的 MPPT 控制器和基于 TRL 的 MPPT 控制器，从而实现 PSC 下光伏系统的最优 MPPT 控制。

对于并网光伏逆变器来说，PID 控制是并网光伏逆变器最常用的控制策略[14,15]，但 PID 控制参数对系统性能的影响很大，尤其是在光伏系统的并网控制时，传统的 PID 控制方法基本上都存在并网瞬间的转子电流增大、电压波动剧烈等问题。在并网运行时，这些控制参数对电网的扰动非常敏感，会严重影响并网运行性能。另外，PID 最优参数往往基于经验得到，难以实现最优的控制效果。为解决传统控制策略的缺陷，大量文献对并网光伏逆变器的控制进行了研究。其中，采用 FLC 对光伏逆变器的非线性进行完全补偿，可获得全局一致的控制性能[16]。但是 FLC 需要精确的光伏系统模型，因此对参数不确定性或外部干扰缺乏鲁棒性；基于光伏逆变器滑模控制策略的控制器可大幅增强系统的鲁棒性，但是其在临近稳态处的抖振现象会严重影响控制性能[17,18]。而采用干扰估计器来对光伏逆变器的扰动进行实时估计，不需要光伏系统的精确模型，具有较强鲁棒性[19]。文献［20］设计了一款无源控制器对光伏逆变器注入额外阻尼，大幅提高了控制性能。

上述各类控制器均为整数型控制器。近年来，分数型控制器受到了广泛的关注。此类控制器基于分数阶微积分理论，引入了额外的控制参数从而将传统的整数参数扩展为分数参数，可显著提高被控系统的控制性能。例如，文献［21］基于粒子群优化提出了最优分数阶 PI 控制来实现光伏逆变器的 MPPT 控制，它在经典 PI 控制器的基础上引入了微分阶次 λ，可以提高控制器参数的调整范围；文献［22］提出了分数阶极值搜索控制（FO‑ESC）的光伏阵列 MPPT 方法，该方法在保证极值搜索速度的同时借助分数阶理论提高搜索的范围和灵活性；文献［23］设计了一款基于扰动观测器的最优分数阶 PID 控制器，并采用阴—阳八卦最优算法来优化 PID 参数，可以有效提高光伏逆变器的动态性能，实现更好的控制效果。

鉴于分数阶微积分的优点，分数阶 PID 控制理论在解决电力系统的非线性控制问题上具有较大的优势。本章对分数阶微积分运算理论的工程应用进行了深入探索和实践，将分数阶微积分运算理论应用于并网光伏逆变器中。为实现光伏逆变器的最优控制，提出了最优无源分数阶 PID（passive fractional‑order proportional‑integral‑derivative，PFoPID）控制和新型基于扰动观测器的鲁棒分数阶滑模控制（perturbation observer based fractional‑order sliding‑mode control，POFO‑SMC）。

4.2 基于改进樽海鞘群算法的 MPPT 设计

PSC 会使光伏系统的 P‑U 曲线出现多峰值特性，常规的 MPPT 算法易陷入 LMPP。鉴于元启发式算法优良的动态寻优能力，本节提出了一种新型元启发式算法，即 MSSA，用于 PSC 下光伏系统的 MPPT 控制。樽海鞘群算法（salp swarm algorithm，SSA）[24]是澳大利亚学者米尔贾利利（Mirjalili S）等人受樽海鞘群体行为的启发提出的，它将所有樽海鞘排序为一个樽海鞘链，每个樽海鞘仅跟随其紧邻的前一个个体移动。该算法具有结构简单和搜索快速的优点，然而与大多数元启发式算法一样，SSA 难以合理平衡搜索速度和收敛稳定性之间的矛盾。因此，本节对 SSA 进行改进，提出 MSSA，即在 SSA 的基础上，引入了文化基因算法（memetic algorithm，MA），以樽海鞘链为种群单位，采用多个樽海鞘链同时进行独立寻优，以提高算法全局搜索和局部探索的能力；同时，通过群落中所有樽海鞘间的信息交流，重组产生新的樽海鞘链，以提高算法的收敛稳定性。本节通过恒温恒光照强度、恒温变光照强度和变温变光照强度三个算例对 MSSA 的优化性能进行了研究分析，以验证 MSSA 的有效性，并通过 HIL 实验验证其硬件可行性。

4.2.1　改进樽海鞘群算法

樽海鞘是一种具有透明桶状型身体的深海生物，其身体构造和运动方式与水母极其相似。樽海鞘的群体行为通常以多个樽海鞘首尾相连组成的樽海鞘链为种群单位进行，其主要包括以下四个角色[24]：

（1）食物源（resource）：在实际寻优过程中，并不知道食物的位置。因此，设定拥有最大适应度樽海鞘的位置为当前食物的位置。

（2）樽海鞘链（salp chain）：多个樽海鞘首尾相连组成的一条链状结构，可以看作一个樽海鞘种群。

（3）领导者（leader）：位于樽海鞘链链首的第一个樽海鞘。

（4）追随者（follower）：樽海鞘链中其余的樽海鞘，其仅受紧邻的前一个樽海鞘的影响来更新自己的位置。

MSSA 通过引入 MA，以基于种群的独立寻优和基于群落的信息交流为优化框架，进一步提升 SSA 算法的寻优能力和收敛稳定性。

1. 优化框架

MA 由帕布罗·莫斯卡托（Pablo Moscato）首次提出[25]，该算法采用局部启发式搜索来模拟由大量专业知识支撑的变异过程，是一种结合种群全局搜索和个体局部探索的策略[26]。MSSA 引入 MA 的思想是：每个樽海鞘的文化被定义为优化问题的一个解，群落中所有的樽海鞘又以樽海鞘链为单位分为不同的种群，每个樽海鞘链有自己的文化并独立搜寻食物源。同时，每个樽海鞘的文化既影响其他个体同时又受其他个体的影响，并随种群的进化而进化。当种群进化到一定阶段后，整个群落再进行信息交流以实现种群间的混合进化，直到满足优化问题的收敛条件为止。

MSSA 的优化框架如图 4.2.1 所示，主要包括以下两个部分：

（1）基于种群的独立寻优。以樽海鞘链为种群单位，多个樽海鞘链同时进行独立寻优，以提高算法的全局搜索和局部探索能力。

（2）基于群落的信息交流。群落中的所有樽海鞘进行信息交流，并重组产生新的樽海鞘链，以提高算法的收敛稳定性。

2. 基于种群的独立寻优

樽海鞘的群体行为以樽海鞘链为种群单位。在樽海鞘链中存在领导者和追随者两种

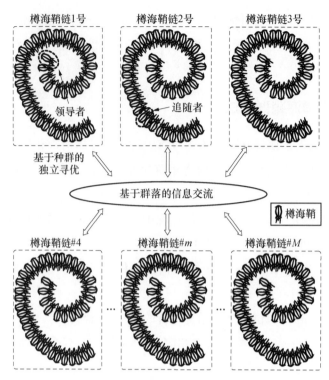

图 4.2.1 MSSA 优化框架

角色。领导者负责引导整个樽海鞘链向食物源移动，跟随者彼此跟随。对于第 m 条樽海鞘链，领导者按下述公式更新其位置

$$x_{m1}^j = \begin{cases} F_m^j + c_1[c_2(\mathrm{ub}^j - \mathrm{lb}^j) + \mathrm{lb}^j], & c_3 \geqslant 0 \\ F_m^j - c_1[c_2(\mathrm{ub}^j - \mathrm{lb}^j) + \mathrm{lb}^j], & c_3 < 0 \end{cases} \tag{4.2.1}$$

式中：上标 j 代表第 j 维搜索空间；x_{m1}^j 代表第 m 条樽海鞘链中的领导者；F_m^j 代表食物源，即由第 m 条樽海鞘条获得的当前最优解；ub^j 与 lb^j 分别是第 j 维搜索空间的上界和下界；

c_1 是式（4.2.1）中最重要的参数，用于平衡算法的全局搜索和局部探索，$c_1 = 2\mathrm{e}^{-\left(\frac{4k}{k_{\max}}\right)^2}$；$k$ 和 $k_{\max}$ 分别是当前迭代次数和最大迭代次数；c_2 和 c_3 均是 $[0,1]$ 间的随机数。

式（4.2.1）表明，领导者仅根据食物源来更新自己的位置。

追随者则按下述公式更新其位置

$$x_{mi}^j = \frac{1}{2}(x_{mi}^j + x_{m,i-1}^j), \quad i = 2,3,\cdots,n; \quad m = 1,2,\cdots,M \tag{4.2.2}$$

式中：x_{mi}^j 代表第 m 条樽海鞘链中的第 i 个樽海鞘；n 代表每条樽海鞘链中樽海鞘的数目；M 代表总的樽海鞘链数目。

式（4.2.2）表明，追随者只受其紧邻的前一个樽海鞘的影响来更新自己的位置，因此领导者对追随者的影响逐级递减，追随者能够保持自己的多样性，从而降低了

MSSA 陷入局部最优解的概率。

3. 基于群落的信息交流

为了提高 MSSA 的收敛稳定性，群落中所有樽海鞘将进行信息交流，并重组产生新的樽海鞘链，如图 4.2.2 所示。具体来说，首先樽海鞘将自己的适应度在群落中进行交流；然后所有樽海鞘按适应度由大到小的顺序进行排序；最后樽海鞘将分为 M 个樽海鞘链，分配规则为第一个樽海鞘进入第一个樽海鞘链，第 M 个樽海鞘进入第 M 个樽海鞘链，第 $M+1$ 个樽海鞘进入第一个樽海鞘链，以此类推。第 m 个樽海鞘链的更新规则描述如下

$$Y^m = [x_{mi}, \ f_{mi} \mid x_{mi} = X(m+M(i-1)), \ f_{mi} = F(m+M(i-1)), \ i = 1,2,\cdots,n]$$

$$(4.2.3)$$

$$m = 1,2,\cdots,M$$

式中：x_{mi} 为第 m 个樽海鞘链中第 i 个樽海鞘的位置矢量；f_{mi} 为第 m 个樽海鞘链中第 i 个樽海鞘的适应度函数；X、F 分别为所有樽海鞘由大到小进行排序对应的位置矢量和适应度函数。

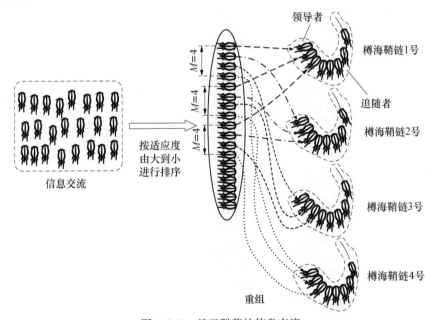

图 4.2.2　基于群落的信息交流

4.2.2　控制器设计

1. PSC 下 MPPT 优化模型

图 4.2.3 所示为 PSC 下基于 MSSA 的光伏系统 MPPT 控制结构图。如图所示，基于 MSSA 的 MPPT 控制器可动态地调节输出电压并反馈至基于 MSSA 的控制器中，直到满足收敛条件。

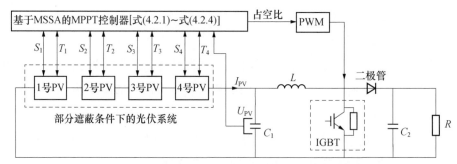

图 4.2.3　PSC 下基于 MSSA 的光伏系统 MPPT 控制结构图

2. 种群初始化

为提高樽海鞘种群的多样性，在可行域内随机初始化种群（樽海鞘链），即

$$x_{mi}^0 = U_{pv}^{\min} + r(U_{pv}^{\max} - U_{pv}^{\min}) \qquad (4.2.4)$$

式中：x_{mi}^0 表示第 m 个樽海鞘链中第 i 个樽海鞘的初始位置；r 是 [0，1] 间的随机数。

3. 总流程图

PSC 下基于 MSSA 的光伏系统 MPPT 控制总流程如图 4.2.4 所示。

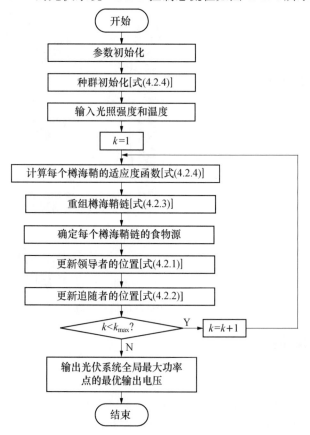

4.2.4　PSC 下基于 MSSA 的光伏系统 MPPT 控制总流程图

4.2.3　性能分析

为验证 MSSA 的优化性能，利用 13 个基准函数将 MSSA 与其他启发式算法进行比较。所选取的 13 个基准函数见表 4.2.1，其中维度设置为 5。为比较的公平，所有算法的种群规模和最大迭代次数统一设置为 30 和 100。所有算法独立运行 30 次后，13 个基准函数的运行结果见表 4.2.2，其中，Avg.、Std. 和 Rel. Std. 分别代表平均值、标准偏差和相对标准偏差。由表可知，MSSA 获得了 f_1、f_2、f_4、f_6、f_7、f_9、f_{10} 这 7 个基准函数的最小相对标准偏差，因此基于群落中樽海鞘间信息交流的重组机制，MSSA 的收敛稳定性明显提高。同时，MSSA 获得的 10 个基准函数平均值（f_1、f_2、f_3、f_4、f_5、f_9、f_{10}、f_{11}、f_{12}、f_{13}）和 8 个相对标准偏差（f_1、f_2、f_4、f_6、f_7、f_9、f_{10}、f_{11}）小于 SSA，说明引入 MA 使得 MSSA 的全局搜索和局部探索能力显著增强。

表 4.2.1　　　　　　　　基　准　函　数

基准函数	取值范围	$f_{\min}$
$f_1(x) = \sum_{i=1}^{n} x_i^2$	$[-100,100]$	0
$f_2(x) = \sum_{i=1}^{n} \mid x_i \mid + \prod_{i=1}^{n} \mid x_i \mid$	$[-10,10]$	0
$f_3(x) = \sum_{i=1}^{n} (\sum_{j=1}^{n} x_j)^2$	$[-100,100]$	0
$f_4(x) = \max_i \{\mid x_i \mid, 1 \leqslant i \leqslant n\}$	$[-100,100]$	0
$f_5(x) = \sum_{i=1}^{n-1} [100(x_{i+1} - x_i^2)^2 + (x_i - 1)]^2$	$[-30,30]$	0
$f_6(x) = \sum_{i=1}^{n} (\mid x_i + 0.5 \mid)^2$	$[-100,100]$	0
$f_7(x) = \sum_{i=1}^{n} ix_i^4 + \mathrm{random}[0,1)$	$[-1.28,1.28]$	0
$f_8(x) = \sum_{i=1}^{n} -[x_i \sin(\sqrt{\mid x_i \mid})]$	$[-500,500]$	-418.9829×5
$f_9(x) = \sum_{i=1}^{n} [x_i^2 - 10\cos(2\pi x_i) + 10]$	$[-5.12,5.12]$	0
$f_{10}(x) = -20\exp\left(-0.2\sqrt{\frac{1}{n}\sum_{i=1}^{n} x_i^2}\right) - \exp\left(\frac{1}{n}\sum_{i=1}^{n}\cos 2\pi x_i\right) + 20 + e$	$[-32,32]$	0

续表

基准函数	取值范围	f_{min}
$f_{11}(x) = \dfrac{1}{4000}\sum\limits_{i=1}^{n}\left[x_i^2 - \prod\limits_{i=1}^{n}\cos\left(\dfrac{x_i}{\sqrt{i}}\right)+1\right]$	$[-600,\ 600]$	0
$f_{12}(x) = \dfrac{\pi}{n}\left\{10\sin(\pi y_1)+\sum\limits_{i=1}^{n-1}(y_i-1)^2[1+10\sin^2(\pi y_{i+1})]+(y_n-1)^2\right\}$ $+\sum\limits_{i=1}^{n}u(x_i,10,100,4)$ $y_i = 1+\dfrac{1}{4}(x_i+1)$ $u(x_i,a,k,m)=\begin{cases}k(x_i-a)^m, & x_i>a\\0, & -a\leqslant x_i\leqslant a\\k(-x_i-a)^m, & x_i<-a\end{cases}$	$[-50,\ 50]$	0
$f_{13}(x) = 0.1\left\{\sin^2(3\pi x_1)+\sum\limits_{i=1}^{n}(x_i-1)^2[1+\sin^2(3\pi x_i+1)]\right.$ $\left.+(x_n-1)^2[1+\sin^2(2\pi x_n)]\right\}+\sum\limits_{i=1}^{n}u(x_i,5100,4)$	$[-50,\ 50]$	0

表 4.2.2　　　　　　　　　不同算法的基准函数运行结果

基准函数	GA			PSO			GWO		
	Avg.	Std.	Rel. Std.	Avg.	Std.	Rel. Std.	Avg.	Std.	Rel. Std.
f_1	8.18E−06	2.37E−05	2.894510	7.05E−17	2.17E−16	3.076278	4.00E−16	1.91E−15	4.767578
f_2	0.000986	1.89E−03	1.918923	1.75E−05	9.61E−05	5.476500	8.18E−11	1.16E−10	1.418512
f_3	0.001117	2.17E−03	1.945347	0.005148	2.66E−02	5.169024	6.91E−08	3.01E−07	4.363473
f_4	0.522057	4.67E−01	0.895075	0.000260	8.59E−04	3.306047	1.36E−06	2.04E−06	1.504797
f_5	1.288426	1.270365	0.985982	67.62754	1.54E+02	2.277518	7.632694	25.72992	3.371014
f_6	6.17E−06	2.41E−05	3.905399	1.26E−15	4.90E−15	3.891292	1.29E−05	6.91E−06	0.535388
f_7	0.062813	5.54E−02	0.88240	0.600607	2.90E−01	0.483578	0.00179	0.001575	0.879766
f_8	−423.615	3.66E+01	0.086322	−1762.230	2.24E+02	0.127143	−1587.80	240.5568	0.151504
f_9	2.354818	3.15E+00	1.338355	2.717969	2.23E+00	0.818804	2.398688	2.211432	0.921934
f_{10}	0.414081	8.64E−01	2.086277	0.054875	3.01E−01	5.477121	3.19E−09	5.19E−09	1.628735
f_{11}	0.009609	1.30E−02	1.354181	0.133188	9.46E−02	0.710125	0.061206	0.035545	0.580755
f_{12}	0.124409	3.01E−01	2.420900	0.041570	1.58E−01	3.795581	0.005427	0.014049	2.588823
f_{13}	0.009423	1.30E−02	1.382745	8.99E−11	2.88E−10	3.210151	2.53E−05	1.76E−05	0.695163

续表

基准 函数	SSA			MSSA		
	Avg.	Std.	Rel. Std.	Avg.	Std.	Rel. Std.
f_1	8.76E−10	1.93E−09	2.207652	4.20E−10	1.16E−10	0.275474
f_2	0.006605	0.032579	4.932612	3.79E−06	6.26E−07	0.164891
f_3	0.004672	0.017936	3.839141	2.10E−08	1.11E−07	5.274449
f_4	0.000361	0.001787	4.956301	1.53E−05	2.75E−06	0.179846
f_5	76.84774	142.5731	1.855267	1.51E+01	4.31E+01	2.849658
f_6	4.25E−10	2.26E−10	0.532745	4.39E−10	1.30E−10	0.296368
f_7	0.013004	0.009854	0.757799	3.01E−02	1.19E−02	0.394789
f_8	−1497.35	199.8961	0.133500	−1488.441	2.07E+02	0.139189
f_9	6.235069	4.494869	0.720901	2.26E+00	1.61E+00	0.713573
f_{10}	0.538585	0.851039	1.580139	1.15E−05	1.97E−06	0.170725
f_{11}	0.289072	0.176440	0.610365	1.55E−01	9.06E−02	0.583148
f_{12}	0.757754	1.008047	1.330310	5.94E−09	1.18E−08	1.984495
f_{13}	0.004004	0.006357	1.587819	1.13E−07	4.88E−07	4.313678

4.2.4　算例分析

本小节通过恒温恒光照强度、恒温变光照强度和变温变光照强度三个算例对 MSSA 与 INC[27]、GA[28]、PSO[29]、GWO[30]、SSA[24] 的 MPPT 性能进行分析对比。表 4.2.3、表 4.2.4 分别给出了 MSSA 参数和光伏系统参数，选取光照强度 1kW/m² 和温度 25℃作为额定值。此外，所有启发式算法的优化周期均设置为 0.01s。仿真模型基于 Matlab/Simulink 2016a 搭建，采用 ode45（dormand - prince）变步长解法器（4.3.3 节中的仿真模型也基于此）。

表 4.2.3　　　　　　　　　　　MSSA 参数

参数	范围	取值
n	$n>1$	10
M	$M>1$	3
k_{max}	$k_{max}>1$	10

表 4.2.4　　　　　　　　　　　　光伏系统参数表

参数名称	数值	参数名称	数值
峰值功率（W）	51.716	额定工作温度 T_{ref}（℃）	25
峰值功率下电压（V）	18.47	二极管理想因子	1.5
峰值功率下电流（A）	2.8	开关频率 f（kHz）	100
短路电流 I_{sc}（A）	1.5	电感 L（mH）	500
开路电压 U_{oc}（V）	23.36	电阻 R（Ω）	200
I_{sc} 的温度系数 k_1（mA/℃）	3	电容 C_1、C_2（μF）	1

1. 恒温恒光照强度

本试验旨在评估恒温恒光照强度时 MSSA 从零开始的速度和收敛稳定性。为了模拟 PSC 的效果，选取四块光伏阵列的光照强度分别为 1、0.8、0.6kW/m² 和 0.4kW/m²，温度保持在其额定值 25℃。图 4.2.5 所示为六种算法在恒温恒光照强度下的 MPPT 性能。

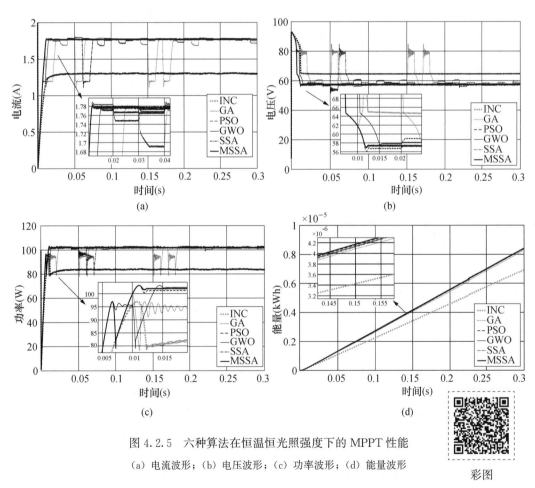

图 4.2.5　六种算法在恒温恒光照强度下的 MPPT 性能
（a）电流波形；（b）电压波形；（c）功率波形；（d）能量波形

彩图

　　由图 4.2.5（a）～（d）可知，INC 与其他算法相比，能快速收敛到一个稳定点。然而，在 PSC 影响下，INC 不能分辨 GMPP 和 LMPP 的区别，不可避免地被困在低质量的 LMPP 中。而且 INC 在达到稳态的过程中一直抖动，呈现出明显的振荡，其他启发式算法同样如此。而 MSSA 仅用 0.016s 就收敛到了 GMPP，与其他启发式算法相比，其光伏系统输出电流、电压和功率的振荡最小，具有良好的收敛稳定性。可见 MSSA 凭借其出色的寻优能力，能够有效地逃离 LMPP，稳定地获得最大的输出功率和能量。

2. 恒温变光照强度

　　太阳辐射的阶跃变化通常出现在云层快速通过光伏阵列时。为了评价这种工况下 MSSA 的 MPPT 性能，对光伏阵列每隔 1s 连续施加四个阶跃的光照强度变化，变化范围为 0.3～1kW/m²，如图 4.2.6 所示。在试验过程中，为了便于进行定量分析，温度保持在额定值 25℃。图 4.2.7 所示为六种算法在恒温变光照强度下的 MPPT 性能。

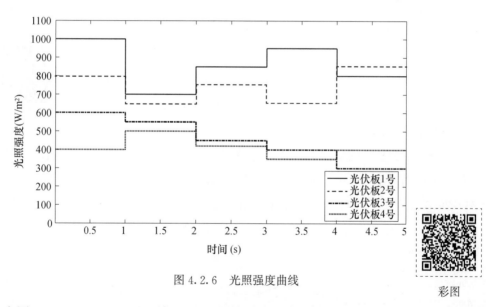

图 4.2.6　光照强度曲线

彩图

　　由图 4.2.7（a）～（d）可知，INC 再次陷入了低质量的 LMPP，启发式算法则能收敛至 GMPP。即使在太阳辐照度阶跃变化时，MSSA 也能不断地进行寻优，找到全局最优解。此外，随着光照强度的变化，除了 MSSA 外，其他算法的光伏系统输出电流、电压和功率都出现了不同程度的振荡，持续的抖动情况导致曲线成锯齿形状，而 MSSA 的光伏系统波形曲线较为平滑，基本无振荡情况，只产生最小的功率波动，验证了 MSSA 的收敛稳定性。

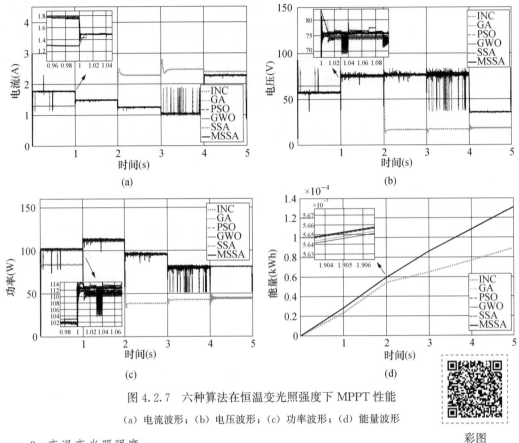

图 4.2.7　六种算法在恒温变光照强度下 MPPT 性能

（a）电流波形；（b）电压波形；（c）功率波形；（d）能量波形

彩图

3. 变温变光照强度

为了分析更为复杂的条件下 MSSA 的 MPPT 性能，模拟光照强度和温度同时随机变化的情况如图 4.2.8 所示。其中，光照强度变化范围为 $0.4 \sim 1 \text{kW/m}^2$，温度变化范围为 $25 \sim 26.5 \text{℃}$。图 4.2.9 所示为六种算法在变温变光照强度下的 MPPT 性能。

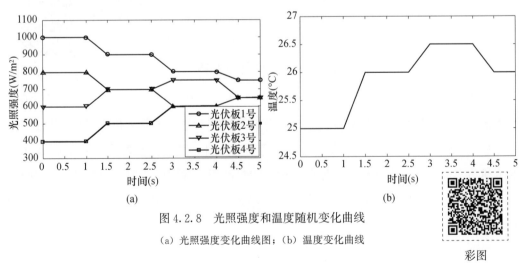

图 4.2.8　光照强度和温度随机变化曲线

（a）光照强度变化曲线图；（b）温度变化曲线

彩图

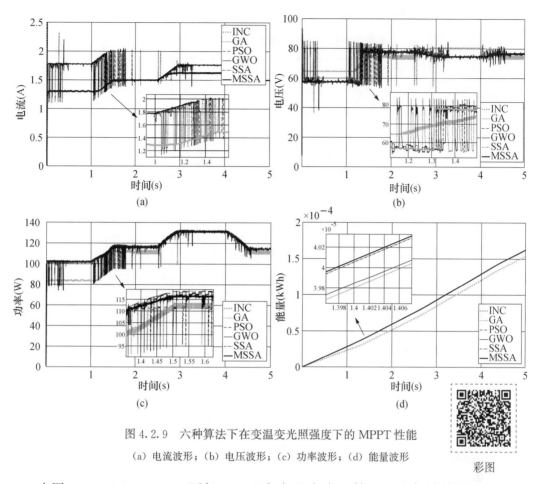

图 4.2.9　六种算法下在变温变光照强度下的 MPPT 性能

（a）电流波形；（b）电压波形；（c）功率波形；（d）能量波形

彩图

由图 4.2.9（a）～（d）可知，INC 在变温变光照情况下，仍然快速地陷入了 LMPP，而启发式算法则能收敛至 GMPP。在第一次光照强度和温度变化时，MSSA 的收敛时间仅为 0.012s，而 INC、GA、PSO、GWO、SSA 的收敛时间分别为 0.041、0.452、0.253、0.388、0.022s。可见，MSSA 能以最快的速度收敛至 GMPP。另外，其他启发式算法虽然能收敛至 GMPP，但是在此期间，其光伏系统的输出电流、电压和功率一直有明显的振荡情况，而 MSSA 振荡最小，有较好的收敛稳定性，这说明 MSSA 在光照强度和温度同时变化的复杂工况下仍能保证良好的 MPPT 性能。

4. 收敛时间统计

为进一步说明 MSSA 出色的寻优能力，不同算法在上述三个算例下每次环境条件变化时的收敛时间统计见表 4.2.5。因为大部分算法都有一定的功率振荡，因此选择 1% 作为判定收敛的阈值。由表可知，引入 MA 可大幅提高 MSSA 的全局搜索和局部探索速率，其收敛时间明显低于其他启发式算法。特别地，在恒温变光照强度下的第一次光照强度变化时，MSSA 的收敛时间分别仅为 INC、GA、PSO、GWO、SSA 的 52.38%、

5.18％、62.86％、4.56％、53.66％。

表 4.2.5 三种算例下各算法收敛时间的统计结果（单位：s）

算例	INC	GA	PSO	GWO	SSA	MSSA
恒温恒光照强度	0.025	0.186	0.042	0.061	0.078	0.016
恒温变光照强度	0.042	0.425	0.035	0.482	0.041	0.022
	0.022	0.186	0.428	0.228	0.020	0.015
	0.065	0.728	0.589	0.610	0.046	0.038
	0.156	0.925	0.918	0.912	0.934	0.028
	0.082	0.052	0.055	0.068	0.021	0.018
变温变光照强度	0.041	0.452	0.253	0.388	0.022	0.012
	0.516	1.152	1.135	1.068	0.928	0.512
	0.506	0.685	0.676	0.788	0.508	0.504
	0.505	0.589	0.826	0.687	0.507	0.506

5. 定量分析

为定量评估光伏系统的功率振荡幅度，引入如下两个指标

$$\Delta v^{\mathrm{avg}} = \frac{1}{T-1}\sum_{t=2}^{T}\frac{\mid P_{\mathrm{out}}(t)-P_{\mathrm{out}}(t-1)\mid}{P_{\mathrm{out}}^{\mathrm{avg}}} \qquad (4.2.5)$$

$$\Delta v^{\mathrm{max}} = \max_{t=2,3,\cdots,T}\frac{\mid P_{\mathrm{out}}(t)-P_{\mathrm{out}}(t-1)\mid}{P_{\mathrm{out}}^{\mathrm{avg}}} \qquad (4.2.6)$$

式中：Δv^{avg} 和 Δv^{max} 分别表示光伏系统输出功率的平均振荡指标和最大振荡指标；t 是指时间；T 是指总运行时间；$P_{\mathrm{out}}^{\mathrm{avg}}$ 是指在总迭代次数内光伏系统输出功率的平均值。

表 4.2.6 给出了三种算例下六种算法振荡指标的统计结果，可见 MSSA 在三种算例下均获得最大能量并具有最小的功率振荡。

表 4.2.6 三种算例下各算法功率振荡指标的统计结果

算例	指标	INC	GA	PSO	GWO	SSA	MSSA
恒温恒光照强度	能量（10^{-6}kWh）	6.9219	8.2740	8.4132	8.3887	8.3701	8.4171
	Δv^{max}（％）	0.6173	1.9572	0.0742	1.9154	1.6401	0.0261
	Δv^{avg}（％）	0.0403	0.0148	0.0066	0.0086	0.0094	0.0064
恒温变光照强度	能量（10^{-6}kWh）	89.1534	130.5378	131.1098	130.8526	130.8526	131.0256
	Δv^{max}（％）	56.5161	38.5988	38.4304	38.5059	38.5059	38.4551
	Δv^{avg}（％）	0.0289	0.0121	0.0115	0.0101	0.0101	0.0097
变温变光照强度	能量（10^{-6}kWh）	153.7781	162.0980	162.5478	162.5070	162.5070	162.5495
	Δv^{max}（％）	32.7632	31.0837	30.9976	31.0345	31.0054	30.9973
	Δv^{avg}（％）	0.0267	0.0102	0.0089	0.0098	0.0084	0.0082

4.2.5 硬件在环实验

本节基于 dSpace 进行 HIL 实验以验证 MSSA 的硬件可行性，HIL 系统框架和实验平台分别由图 4.2.10 和图 4.2.11 所示。算法 MSSA 的执行程序 [式（4.2.1）～式（4.2.5）] 置于 DS1104 平台，其采样频率为 $f_c = 10\text{kHz}$；光伏系统和模拟光照强度、温度则置于 DS1006 平台，其采样频率为 $f_s = 100\text{kHz}$，以使所模拟的光伏系统可以最大限度地接近真实系统。其中，光照强度和温度通过 DS1006 平台实时仿真测量得到，并将数据传输到 DS1004 平台计算输出光伏电压 U_{pv}。需要说明的是，光伏系统、温度和光照强度均置于同一 DS1006 平台，因此三者的采样频率统一。

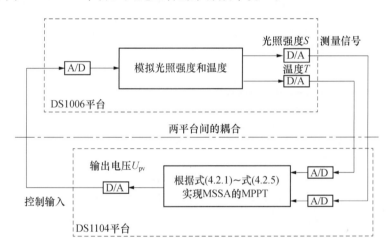

图 4.2.10　MSSA 控制器的 HIL 系统框架

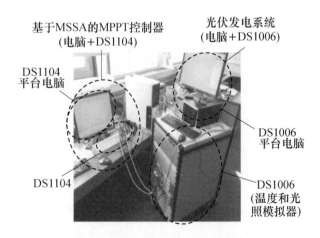

图 4.2.11　MSSA 控制器的 HIL 实验平台

1. 恒温恒光照强度

比较 MSSA 恒温恒光照强度下仿真实验和 HIL 实验的系统响应，以测试 MSSA 在此环境下 MPPT 控制的可行性。图 4.2.12 所示为恒温恒光照强度下仿真和 HIL 实验结果图，由图可知 HIL 实验结果与仿真结果的拟合度很高。

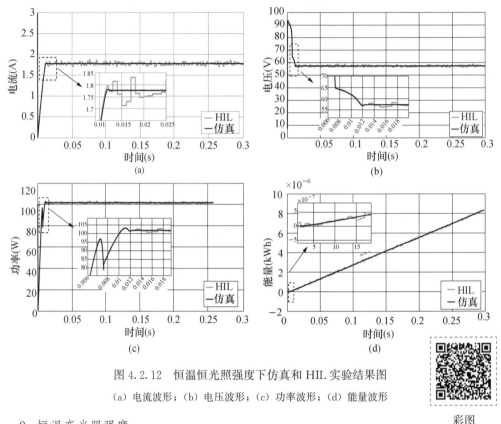

图 4.2.12　恒温恒光照强度下仿真和 HIL 实验结果图
（a）电流波形；（b）电压波形；（c）功率波形；（d）能量波形

彩图

2. 恒温变光照强度

比较 MSSA 在恒温变光照下仿真实验和 HIL 实验的系统响应，实验结果如图 4.2.13 所示。由图可知，HIL 实验结果与仿真结果十分接近。

3. 变温变光照强度

比较变温变光照下仿真实验和 HIL 实验的系统响应实验结果如图 4.2.14 所示。结果表明，HIL 实验结果与仿真结果非常相似。

4. 对比算法实验结果

最后，将所有对比算法在恒温恒光照强度下进行仿真结果与 HIL 实验结果的功率曲线对比，如图 4.2.15 所示。由图可知，其他对比算法的仿真结果与 HIL 实验结果也很接近。需要指出的是，GA 和 PSO 的算法稳定性较差，因此每次执行算法进行求解时其收敛的波形差异性较大。

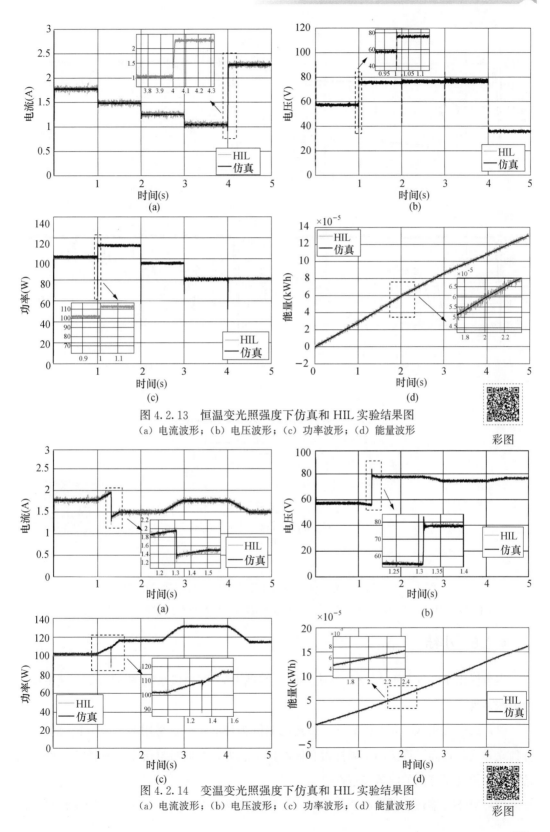

图 4.2.13 恒温变光照强度下仿真和 HIL 实验结果图
（a）电流波形；（b）电压波形；（c）功率波形；（d）能量波形

彩图

图 4.2.14 变温变光照强度下仿真和 HIL 实验结果图
（a）电流波形；（b）电压波形；（c）功率波形；（d）能量波形

彩图

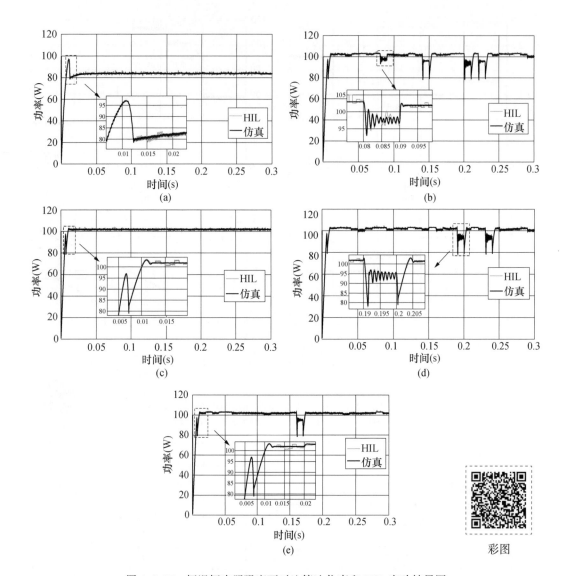

图 4.2.15 恒温恒光照强度下对比算法仿真和 HIL 实验结果图

（a）INC 功率波形；（b）GA 功率波形；（c）PSO 功率波形；（d）GWO 功率波形；（e）SSA 功率波形

4.2.6 小结

本节提出了一种新型 MSSA 算法，用于实现 PSC 下光伏系统的 MPPT，其主要结论可概括为：

（1）MSSA 引入文化基因算法，以樽海鞘链为种群单位，采用多个樽海鞘链同时进行独立寻优，提高了算法的全局搜索和局部探索能力，并通过群落中所有樽海鞘间的信息交流，提高了算法的收敛稳定性。

（2）MSSA 能快速获得高质量的解，使得光伏系统在各种天气条件下均获得最大的发电效率。

（3）MSSA 大幅提高了 GMPP 的收敛稳定性，并显著降低光伏系统输出电流、电压和功率的振荡。

（4）三种算例下的仿真结果表明，MSSA 的 MPPT 速度和收敛稳定性方面均优于其他算法，同时，基于 dSpace 的 HIL 实验验证了其硬件可行性。

4.3　基于迁移强化学习算法的 MPPT 设计

强化学习（reinforcement learning，RL）算法是一种以环境反馈作为输入且能适应不确定环境的机械学习方法。作为一种"奖惩"式的评价学习算法，其不依赖于系统的数学模型，仅利用来自环境的评价信号更新自身参数。然而，与传统机器学习算法一样，RL 算法在学习新的任务时，智能体需要在新的环境中进行随机的探索试错以获得新的知识。如果新任务与历史任务（源任务）相关性较高时，智能体探索的动作就会出现较大重复性，耗费较多的计算时间[31-34]。为避免智能体在新环境中的盲目探索，学者们开始将迁移学习引入到 RL 算法领域，尝试利用从历史任务的已学知识中提炼出有效的信息，来指导或加速新任务的学习，形成了一类全新的迁移强化学习（transfer reinforcement learning，TRL）算法[35]。

一般来说，TRL 也可划分为行为迁移和信息迁移两种类型。行为迁移通常利用已学到的策略或子过程来指导智能体对新任务的学习，所以侧重源任务与新任务之间的相关性计算[36]。信息迁移则把源任务当成新任务的监督信息来改善其学习的性能，如关系强化学习[37]。目前应用到电力系统优化与控制领域的 TRL 主要属于行为迁移类型。事实上，诸多 TRL 算法主要是基于离散控制变量设计的，无法满足连续变量的高效寻优需求。为进一步提升 TRL 的寻优性能，本节对 TRL 进一步改进，设计了一种全新的基于动作空间分解的 TRL 算法以实现其 MPPT。一方面，引入动作空间分解策略将连续变量的搜索空间分解为多个子搜索空间，有效地提高了 TRL 的全局搜索能力。另一方面，引入知识迁移，将旧任务的最优知识矩阵应用到新任务中，进而大幅提高 TRL 的收敛速度。另外，在恒温变光照强度、变温变光照强度两个算例下验证 TRL 的有效性，并通过 HIL 实验验证其硬件可行性。

4.3.1　基于空间分解的迁移强化学习算法

本节所提出的 TRL 主要包含两部分，即智能体与环境连续交互、新旧任务间的知识迁移。空间分解的 TRL 原理如图 4.3.1 所示。

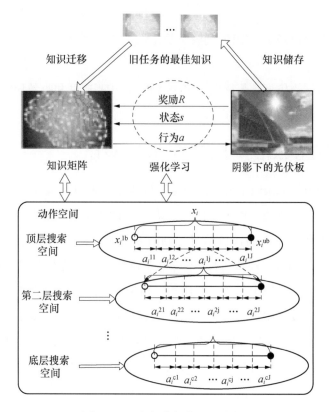

图 4.3.1　空间分解的 TRL 原理

1. 动作空间分解

TRL 是一种以反馈为输入的自适应学习方法，通过与环境的持续交互，不断改进最终获得的最优行为策略。传统 Q 学习算法只能实现离散动作集的寻优[38]，而该设计针对的光伏 MPPT 应用对象的控制变量是连续的，所以本设计将算法原始动作空间分解成多个小范围的搜索动作子空间，如图 4.3.1 所示。设搜索空间层数为 c，每一层的离散动作数量为 J，即可将每个控制变量的寻优范围转化为由（cJ）个组合动作构成的动作空间。因此，被控变量 x_i 的优化精度计算式为

$$OA_i = \frac{x_i^{\text{ub}} - x_i^{\text{lb}}}{cJ} \tag{4.3.1}$$

式中：x_i^{lb} 和 x_i^{ub} 分别是第 i 个被控变量的下限和上限。

若每层中的动作次数设置为 10（$J=10$），则当 $c=6$ 时，0～1 之间的连续控制变量可实现相同的精度（10^6）。这意味着所选动作次数可以从 10^6 减少到 10，因此空间分解可显著提高 Q 学习的学习速率和控制精度。

在选择所有层中的所有动作之后，可以确定可控变量的解，如下

$$x_i = x_i^{c,\mathrm{lb}} + a_i^{cj}(x_i^{c,\mathrm{ub}} - x_i^{c,\mathrm{lb}})/J \tag{4.3.2}$$

$$x_i^{l,\mathrm{lb}} = \begin{cases} x_i^{\mathrm{lb}}, l=1 \\ x_i^{l-1,\mathrm{lb}} + a_i^{l-1,j}\dfrac{x_i^{l-1,\mathrm{ub}} - x_i^{l-1,\mathrm{lb}}}{J}, & l \neq 1 \end{cases} \tag{4.3.3}$$

$$x_i^{l,\mathrm{ub}} = \begin{cases} x_i^{\mathrm{ub}}, l=1 \\ x_i^{l-1,\mathrm{ub}} + a_i^{l-1,j}\dfrac{x_i^{l-1,\mathrm{ub}} - x_i^{l-1,\mathrm{lb}}}{J}, & l \neq 1 \end{cases} \tag{4.3.4}$$

式中：$x_i^{l-1,\mathrm{lb}}$ 和 $x_i^{l-1,\mathrm{ub}}$ 分别是第 $l-1$ 层搜索空间的下界和上界；$a_i^{l-1,j}$ 是第 $l-1$ 层搜索空间中的第 j 个动作。

2. 知识更新

根据 Q 学习的学习机理，基于状态动作的反馈奖励来更新知识矩阵。通过组合空间分解，每个搜索空间层的知识矩阵更新如下[33]

$$\begin{aligned} \boldsymbol{Q}_{i,k}^l(s_{i,k}^l, a_{i,k}^l) = {} & \boldsymbol{Q}_{i,k}^l(s_{i,k}^l, a_{i,k}^l) + \alpha[R_{i,k}^l(s_{i,k}^l, s_{i,k+1}^l, a_{i,k}^l) \\ & + \gamma \max_{a \in A_i^l} \boldsymbol{Q}_{i,k}^l(s_{i,k+1}^l, a) - \boldsymbol{Q}_{i,k}^l(s_{i,k}^l, a_{i,k}^l)] \end{aligned} \tag{4.3.5}$$

式中：$\boldsymbol{Q}_i^l$ 表示第 i 个被控变量的第 l 层搜索空间的知识矩阵；$(s_{i,k}^l, a_{i,k}^l)$ 是在第 k 次迭代时执行的状态动作对（$k=1,2,\cdots,k_{\max}$）；$k_{\max}$ 表示最大迭代步数；α 是学习因子；γ 表示折扣因子；R_i^l 是奖励动作；A_i^l 表示第 l 层搜索空间的动作空间。

传统 Q 学习在动态环境中使用单个智能体进行搜索，每次迭代只能更新每个知识矩阵的一个元素，这不可避免地导致学习速度较慢，进而难以在光伏系统实时控制中快速获得高质量的最优解，因此，采用协作机制可进一步加速学习速率。更新 TRL 的每个知识矩阵[39]如下

$$\begin{aligned} \boldsymbol{Q}_{i,k}^l(s_{i,k}^{l,m}, a_{i,k}^{l,m}) = {} & \boldsymbol{Q}_{i,k}^l(s_{i,k}^{l,m}, a_{i,k}^{l,m}) + \alpha[R_i^{l,m}(s_{i,k}^{l,m}, s_{i,k+1}^{l,m}, a_{i,k}^{l,m}) \\ & + \gamma \max_{a \in A_i^l} \boldsymbol{Q}_{i,k}^l(s_{i,k+1}^{l,m}, a) - \boldsymbol{Q}_{i,k}^l(s_{i,k}^{l,m}, a_{i,k}^{l,m})], \quad m=1,2,\cdots,M \end{aligned}$$

$$\tag{4.3.6}$$

式中：M 表示协作机制中的种群规模。

3. 全局搜索和局部探索

一般来说，RL 算法在学习过程中需要根据已有的知识矩阵在不同状态下选择动作，如果都采用贪婪动作的话，虽然学习速度快，但容易收敛到局部最优解。反之，如果选择动作比较随机的话，全局搜索能力更强，但学习效率较低。为平衡上述矛盾，引入 ε-贪婪策略（ε-Greedy rule）选择动作[40]，即算法可通过设置合适的参数 ε 来平衡全局搜索（随机动作选择）和局部搜索（贪婪动作选择），既以较大的概率去选择贪婪动作，

又保留一定的概率去选择随机动作，从而达到平衡这两者的目的。其中，具体的动作可选择如下

$$
a_{i,k+1}^{l,m} = \begin{cases} \arg\max_{a_i^l \in A_i^l} Q_{i,k}^l(s_{i,k+1}^{l,m},\ a_i^l),\ & q_0 < \varepsilon \\ a_{\mathrm{rand}},\ & q_0 \geqslant \varepsilon \end{cases}
\tag{4.3.7}
$$

式中：q_0 是 0 到 1 之间的均匀随机数；ε 是贪婪概率；a_{rand} 表示动作空间中的随机动作。

4. 知识迁移

式（4.3.6）给出的知识矩阵相当于算法在寻优过程中形成的搜索知识，可为智能体提供有效的搜索引导。如果不采用迁移的话，RL 因缺乏先验知识，在初始学习阶段会选择比较盲目的探索，经过一系列的与环境交互训练之后，才能收敛到当前新任务的最优解，这样就会耗费较长的学习训练时间。与之相比，TRL 在引入知识迁移后，RL 可提供有效的先验知识，即可在初始学习阶段实施高效的寻优，避免盲目的探索，从而可明显减少训练时间。换句话说，在光伏 MPPT 的较短控制时间周期里，在引入知识迁移后的 RL 算法找到更高质量最优解的概率会更大。因此，本设计采用的知识迁移[41] 是指从历史任务的最优知识矩阵中提炼出近似新任务的最优识矩阵，选取与新任务的相似度最高的旧任务进行知识迁移，即

$$
Q_i^{\mathrm{n0}} = rQ_i^{\mathrm{s}*} + (1-r)Q_i^{\mathrm{initial}}
\tag{4.3.8}
$$

式中：Q_i^{n0} 是新任务的第 i 个被控变量的近似最优知识矩阵；$Q_i^{\mathrm{s}*}$ 是最相似的旧任务的第 i 个被控变量的最优知识矩阵；Q_i^{initial} 是没有知识迁移的初始知识矩阵；r 表示最相似的旧任务和新任务之间的相似度，其中 $0 \leqslant r \leqslant 1$。

4.3.2 控制器设计

1. 被控变量和动作空间

为了获得光伏系统的 GMPP，选择输出电压 U_{pv} 作为被控变量，其中整个搜索空间被分解为四层。在每一层中，搜索空间在相应范围内被均匀地离散化为十个动作。

2. 奖励函数

对于已知的输出电压 U_{pv}，光伏系统可在给定的光照强度、温度和阴影条件下产生相应的功率。在 TRL 中，具有更高质量解的个体将会获得更大的奖励。基于此机制，奖励函数可设计如下

$$
R_{i,k}^{l,m}(s_{i,k}^{l,m},\ s_{i,k+1}^{l,m},\ a_{i,k}^{l,m}) = \begin{cases} \max_{m=1,2,\cdots,M} f(U_{\mathrm{pv}}^m),\ & (s_{i,k}^{l,m},\ a_{i,k}^{l,m}) \in SA_k^{\mathrm{best}} \\ 0,\ & \text{其他} \end{cases}
\tag{4.3.9}
$$

式中：U_{pv}^m 是第 m 个体获得的解；SA_k^{best} 表示在第 k 次迭代中具有最大功率输出的最佳个

体的搜索动作状态。

3. 不同气候条件下的知识迁移

光伏系统的输出功率主要受光照强度、温度和 PSC 三个因素影响，因此不同时刻的 MPPT 控制任务之间的相似度也可用这三个因素来评价。另外，天气在短时间变化内不会发生明显变化，因此两个相邻优化任务之间的相似度通常非常高。如图 4.3.2 所示，选择最相邻旧任务的最佳知识矩阵用于新任务的知识迁移，式（4.3.8）中描述的相似度可设计为

$$r = 1 - \frac{|T_c^n - T_c^p|}{T_{ref}} - \prod_{w=1}^{N_s N_p} \frac{|S_w^n - S_w^p|}{S_{ref}} \tag{4.3.10}$$

式中：T_c^n 和 T_c^p 分别代表新旧任务中的温度；S_w^n 和 S_w^p 分别是新旧任务中第 w 个光伏电池的光照强度。

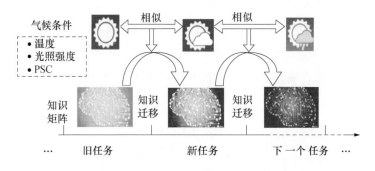

图 4.3.2　相邻两个任务之间的 TRL 知识迁移

由式（4.3.2）可知，相似度与这三个因素直接相关，如果不同任务之间的气象条件差异较小，则说明它们之间的相似度较高，最高时为 1（即任务之间气象条件完全一样）。

4. 参数设置

由式（4.3.1）～式（4.3.10）可以看出，TRL 涉及 7 个主要参数，这些参数的选择将影响算法在光伏系统 MPPT 控制器的应用效果。一般来说，这些参数可按以下原则进行选取：

（1）动作空间层数 $c(c \geqslant 1)$：c 越大，表明寻优的精度越高，但搜索时间也更长，对于光伏 MPPT 来说，c 应设置为较小的值，以满足在线优化需求。

（2）每一层离散动作数量 $J(J > 1)$：与参数 c 选取原则一样，不宜设置过大。

（3）学习因子 $\alpha(0 < \alpha < 1)$：α 越大，算法收敛速度越快，但更容易陷入局部最优解；反之，算法收敛速度越慢，但全局搜索能力更强。在引入知识迁移之后，算法已具有较好的先验知识，因此 α 可以设置为较小的值。

（4）折扣因子 $\gamma(0 < \gamma < 1)$：表示知识矩阵在更新过程中对过去奖励值的折扣，如果

长期奖励累积值对求解问题影响更大，则 γ 应取较大的值；反之亦然。对于光伏 MPPT 来说，立即奖励值对控制效果影响更大，因此 γ 应设置为较小的值。

（5）贪婪概率 $\varepsilon(0<\varepsilon<1)$：$\varepsilon$ 越大，代表算法选择贪婪动作的概率更大，算法能更快收敛，但也更容易陷入局部最优解；反之，ε 越小，算法学习速度更慢，但全局搜索能力更强。对于光伏 MPPT 来说，ε 同样需要设置为较大的值，以满足在线优化需求。

（6）最大迭代步数 $k_{\max}(k_{\max}>1)$：$k_{\max}$ 越大，代表算法获得更高质量最优解的概率更大，但耗费的计算时间越长；反之，$k_{\max}$ 越小，虽然可减少计算时间，但算法更容易陷入局部最优。由于算法已具有较好的先验知识，因此 $k_{\max}$ 可以设置为较小的值。

（7）种群规模 $M(M\geqslant1)$：与参数 $k_{\max}$ 选取原则一样，在引入知识迁移之后，M 可以设置为较小的值。

一般来说，不同环境下光伏系统的运行工况将发生变化，需要设置不同的最优参数来满足不同环境下的 MPPT 最优控制。然而，这将耗费较大的仿真测试工作量，也会增加算法在线优化控制的复杂性，因此，本节根据参数选取原则，结合仿真测试结果确定出一组固定的最优参数，满足光伏系统在不同环境下的最优 MPPT 控制需求。确定的 TRL 主要参数见表 4.3.1。

表 4.3.1 TRL 主要参数

参数	范围	取值	参数	范围	取值
J	$J>1$	10	ε	$0<\varepsilon<1$	0.9
c	$c>1$	4	$k_{\max}$	$k_{\max}>1$	5
α	$0<\alpha<1$	0.01	M	$M>1$	5
γ	$0<\gamma<1$	0.0001			

5. 总体流程

光伏系统在 PSC 下实现 MPPT 的 TRL 总体流程图如图 4.3.3 所示。首先，输出电压的原始搜索空间被分解为四层较小的子搜索空间。随后，根据相似的气候条件实现新旧任务之间的知识迁移，此外，TRL 可在迭代中通过持续搜索来更新自身的知识矩阵。最后，输出最优解，即最优输出电压，从而实现在 PSC 下的 MPPT。

4.3.3 算例分析

在本小节中分析了两个算例，即恒温变光照强度、变温变光照强度，分别与 INC[27]、GA[28]、PSO[29]、ABC[42]、CSA[43]、TLBO[44] 和 Q 学习[38] 进行了分析对比，以评估 PSC 下 TRL 的 MPPT 性能。按照表 4.3.1 给出的参数，算法将可控变量占空比的区间 [0，1]

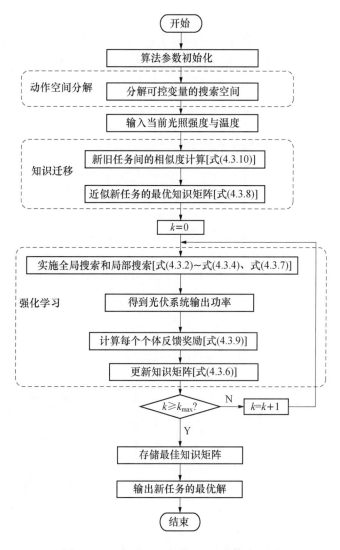

图 4.3.3　实现 MPPT 的 TRL 总体流程图

划分为 4 层搜索空间，每一层有 10 个区间范围。光伏系统参数见表 4.2.4。另外，分别设置额定光照强度和温度为 $1\mathrm{kW/m^2}$ 和 25℃，进而有 $P_{\mathrm{pv}}=51.716\mathrm{W}$，$U_{\mathrm{dc}}=18.47\mathrm{V}$，$I_{\mathrm{pv}}=2.8\mathrm{A}$。

1. 参数灵敏度分析

如表 4.3.1 所列，TRL 有 7 个主要参数会对其寻优性能产生影响。本节挑选其中两个主要参数（学习因子 α 和贪婪概率 ε）进行对光伏能量输出的灵敏度分析，分别将它们取值为 $\{0.1，0.2，\cdots，0.9\}$，参数组合数量为 81。通常，贪婪概率取值较大时，光伏系统输出能量总体较大；学习因子取值大小对光伏系统输出能量影响较为随机，但取值较小时，能在某一参数组合获得最高的能量输出。

2. 恒温变光照强度

为研究 TRL 在恒温变光照强度下的 MPPT 性能，在光伏阵列上施加四个连续的光照强度阶跃信号，如图 4.3.4 所示，光照强度的变化范围为 $0.2\sim1.1\text{kW/m}^2$，温度保持在额定值 25℃。另外，图 4.3.5 显示了八种算法在恒温变光照强度下的 MPPT 响应性能。

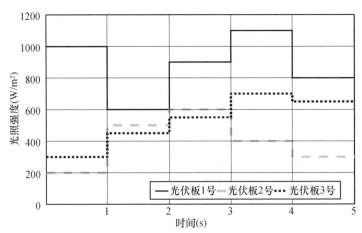

图 4.3.4　连续光照强度阶跃信号

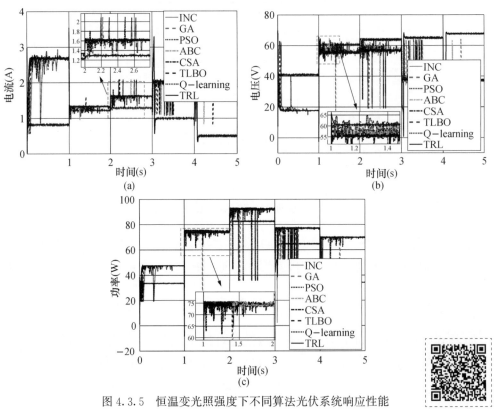

图 4.3.5　恒温变光照强度下不同算法光伏系统响应性能

(a) 电流波形；(b) 电压波形；(c) 功率波形

彩图

从图 4.3.5 中可以看出，当光照强度突变时，INC 陷入 LMPP，启发式算法则收敛至 GMPP。其中，TRL 的功率波动最小。特别地，TRL 所产生的能量比 INC 的能量高24.64%，这表明知识迁移能够有效地提高 TRL 的最优解搜索质量。其中，在第一个光照强度阶跃信号下，TRL 最终收敛的最优解为 0.8752（DC-DC 电路的占空比），即表示算法选择的动作组合为：第一层搜索空间的第 9 个动作（对应区间 [0.8,0.9]）、第二层搜索空间的第 8 个动作（对应区间 [0.87,0.88]）、第三层搜索空间的第 6 个动作（对应区间 [0.875,0.876]）、第四层搜索空间的第 3 个动作（对应区间端点0.8752）。

3. 变温变光照强度

本算例旨在研究 TRL 在变温变光照强度下的 MPPT 性能。在光伏阵列上施加四个连续的光照强度和温度变化信号，如图 4.3.6 所示。其中，光照强度和温度的变化范围分别为 0.2~1.1kW/m² 和 24~26℃。另外，图 4.3.7 显示了八种 MPPT 算法在此环境下的响应图。

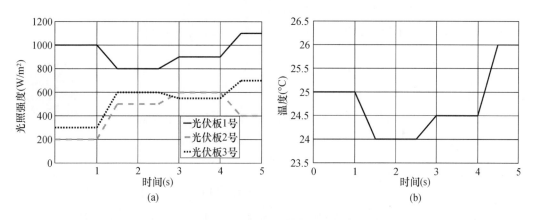

图 4.3.6　光照强度与温度变化信号

（a）光照强度变化信号；（b）温度变化信号

从图 4.3.7 中可以看出，当光照强度和温度同时突变时，INC 严重陷入低质量的LMPP，启发式算法则收敛至 GMPP。同样，TRL 仍然在所有算法中获得光伏系统的最高的能量输出，比 INC 获得的能量高 11.65%。由此可知，TRL 在线寻优效果明显优于Q 学习算法，这也说明了动作空间分解和知识迁移能有效提升强化学习的 MPPT 应用效果。另外，TRL 的功率波动最小，除 TRL 之外的其他算法在光照强度和温度的逐渐变化中产生了较大的功率波动，这是因为知识迁移避免了盲目的初始寻优，使得 TRL 能显著地降低光伏系统的功率波动。

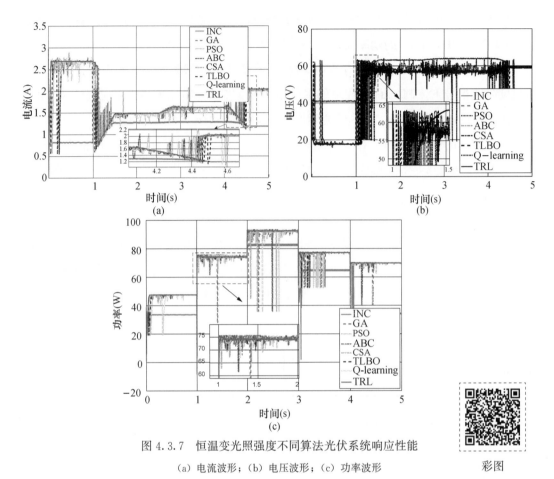

图 4.3.7　恒温变光照强度不同算法光伏系统响应性能

（a）电流波形；（b）电压波形；（c）功率波形　　　　彩图

4. 统计分析

由式（4.2.6）和式（4.2.7）计算光伏系统输出功率的平均振荡指标和最大振荡指标，以定量评估光伏系统的功率振荡幅度。表 4.3.2 列出了两种算例下八种算法的统计结果。可见 TRL 在两种算例下均可获得最大能量并具有最小的功率振荡。从每次优化的平均计算时间来看，每个算法均能满足光伏系统的 MPPT 在线控制。其中，INC 方法结构简单，算法计算时间最短；其他每个智能优化算法在设置相同的迭代步数和种群规模条件下，计算时间相差不大。

表 4.3.2　　　　　　　　　　　两种算例下八种算法统计指标

算例	指标	INC	GA	PSO	ABC	CSA	TLBO	Q - learning	TRL
恒温变光照强度	能量（10^{-6} kWh）	80.2585	99.2695	99.1924	99.5503	99.5812	99.5738	98.8768	100.0333
	Δv^{max}（%）	43.5967	34.3194	34.3122	34.1791	32.0816	34.1927	34.4279	33.9781
	Δv^{avg}（%）	0.0324	0.0078	0.0080	0.0075	0.0076	0.0075	0.0086	0.0066

续表

算例	指标	INC	GA	PSO	ABC	CSA	TLBO	Q‑learning	TRL
变温变光照强度	能量 $(10^{-6}\mathrm{kWh})$	94.5701	105.3233	103.6949	104.4872	105.3747	104.2711	104.8970	105.5880
	Δv^{max}（%）	24.1141	21.6521	21.9921	21.8254	21.6416	21.8706	21.7401	21.5978
	Δv^{avg}（%）	0.0300	0.0074	0.0099	0.0092	0.0073	0.0085	0.0082	0.0067
平均计算时间（ms）		0.01	7.54	2.16	1.39	3.29	4.04	3.67	3.59

4.3.4 硬件在环实验

本小节基于 dSpace 进行 HIL 实验以验证改进 TRL 算法的硬件可行性，HIL 系统框架如图 4.3.8 所示，实验硬件平台如图 4.3.9 所示。

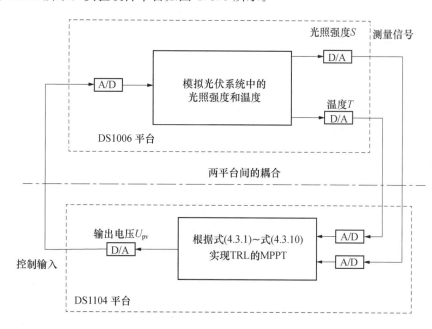

图 4.3.8 TRL 控制器的 HIL 系统框架

1. 恒温变光照强度

比较 TRL 恒温变光照强度下仿真实验和 HIL 实验的系统响应，以测试 TRL 在此环境下 MPPT 控制的可行性，系统响应如图 4.3.10 所示。由图可知，HIL 实验结果与仿真结果十分接近。

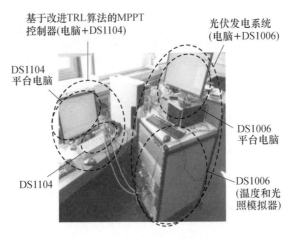

图 4.3.9　TRL 控制器的 HIL 实验平台

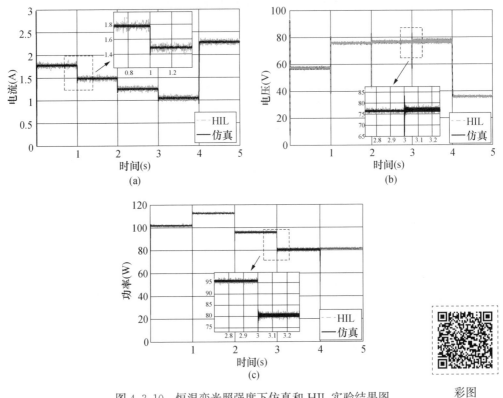

图 4.3.10　恒温变光照强度下仿真和 HIL 实验结果图

（a）电流波形；（b）电压波形；（c）功率波形

彩图

2. 变温变光照强度

比较 TRL 在变温变光照强度下仿真实验和 HIL 实验的系统响应，由图 4.3.11 可知，HIL 实验结果与仿真结果拟合度很高。

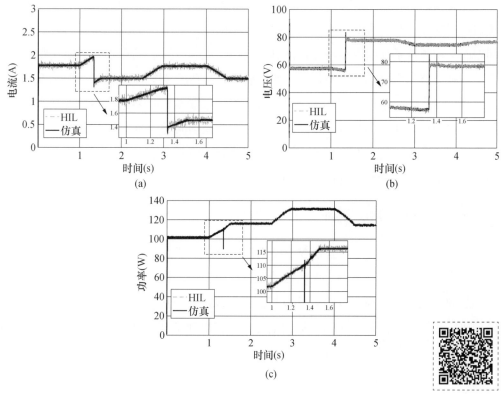

图 4.3.11　变温变光照强度下仿真和 HIL 实验结果图

（a）电流波形；（b）电压波形；（c）功率波形

彩图

4.3.5　小结

本小节设计了一种全新的基于动作空间分解的 TRL 算法，并成功应用于光伏系统的 MPPT，主要结论可总结如下：

（1）通过采用动作空间分解方法，TRL 可以更好满足光伏 MPPT 的精确控制，从而获得高质量的最优解，使光伏系统在不同工况下产生更多的能量。

（2）知识迁移可为算法提供具有指导性的先验知识，能有效避免算法在初始学习阶段的盲目搜索，从而大幅提高收敛速率与收敛稳定性。因此，在不同工况下，相比其他算法，TRL 不仅使得光伏系统输出能量最大，而且可明显减小功率波动。

4.4　最优无源分数阶 PID 控制

根据分数阶微积分的基本理论可知，分数阶微积分算子的一大特点是它属于全局算子，即具有全局记忆性，故分数阶系统总能反映出系统的更多状态信息。基于分数阶微积分理论而设计的分数阶 PID 控制器将传统的整数参数扩张为分数参数，能够显著提高系统的控制性能，在解决电力系统的非线性控制问题上具有较大的优势。另外，对于工程问题而言，被控系统的内在物理特性对其动态性能具有显著的影响。为避免物理特性对系统控制性能的影响，提高被控系统的控制性能，PBC[45] 颇受关注，目前已在各类工程问题中得到广泛应用。PBC 本质上是一种非线性控制策略，对系统参数变换和外部扰动具有较强的鲁棒性，因此可以较好地处理非线性控制问题。本节结合分数阶 PID 控制理论和无源控制理论的优点，设计了 PFoPID 控制，将其用于并网光伏逆变器中，以实现不同天气条件下光伏系统的最优 MPPT 控制。

4.4.1 分数阶 PID 控制

众所周知，PID 控制是控制系统中应用最广泛、技术最成熟的控制方法。然而，由于大多数实际系统的模型不确定性或易受外部扰动影响，常规的 PID 控制器其实并不能达到理想的控制效果。因此对常规 PID 控制进行改进并应用于复杂控制系统中，是近几年来的研究热点。作为常规 PID 控制器的变形，曾出现了 TID（Tilt ID）控制策略，利用分数阶积分代替常规 PID 控制器中的 P 控制，其中 T 项用于消除静态误差，而为简单起见还可以忽略 I 项，使得控制结构变得简单[46]。

在分数阶微积分理论的发展和应用过程中，由于分数阶微积分的独有特性和优势日益凸显，使得许多学者都试图将分数阶微积分理论应用到实际控制系统中。随着分数阶微积分研究与应用的日益成熟，到 20 世纪中叶，开始真正将分数阶微积分应用在相关控制领域内。其中，分数阶 PID 控制器理念，对于控制器领域内分数阶的应用分析具有重要的引领作用，分数阶 PID 控制器的出现成为分数阶控制理论上的一个里程碑。

分数阶 PID 控制器是一种新型 PID 控制器，其一般形式为 $PI^{\lambda}D^{\mu}$，它在经典 PID 控制器的基础上引入了微分与积分阶次 λ 和 μ，即增加了 2 个可调节的参数，由于其阶次可以任意选择，因此其控制器参数的调整范围更大。当 $\lambda=1$ 和 $\mu=1$ 时便是整数阶 PID 控制器。分数阶 PID 控制器对于被控系统来说，具有更大的灵活性和更广的适应性，为获得良好的鲁棒性提供了便利。分数阶 PID 控制器对控制器参数的变化以及被控系统参数的变化并不敏感，当控制器的参数整定好以后，相应的参数在一定范围内变化时，该控制器仍能有效控制[47]。因此，引入参数 λ 和 μ 后的分数阶 PID 控制器能够显著提高系统的控制性能，这是传统整数阶 PID 控制器所不能够达到的。

整数阶 P 控制、PI 控制、PD 控制、PID 控制和 FOPID 控制在 μ-λ 平面的阶次范围如图 4.4.1 所示。

由图 4.4.1 可得，当 $\lambda=0$，$\mu=0$ 时，得到整数阶比例控制器 $C(s)=K_P$；当 $\lambda=1$，

$\mu=0$ 时，得到整数阶 PI 控制器 $C(s)=K_P+K_I s^{-1}$；当 $\lambda=0$，$\mu=1$ 时，得到整数阶 PD 控制器 $C(s)=K_P+K_D s$；当 $\lambda=1$，$\mu=1$ 时，得到传统的整数阶 PID 控制器 $C(s)=K_P+K_I s^{-1}+K_D s$；当 $\lambda=0$，$\mu>0$ 时，得到分数阶 PD^{μ} 控制器 $C(s)=K_P+K_D s^{\mu}$；当 $\lambda>0$，$\mu=0$ 时，得到分数阶 PI^{λ} 控制 $C(s)=K_P+K_I s^{-\lambda}$；当 $\lambda>0$，$\mu>0$ 时，得到分数阶 $PI^{\lambda}D^{\mu}$ 控制器 $C(s)=K_P+\dfrac{K_I}{s^{\lambda}}+K_D s^{\mu}$。

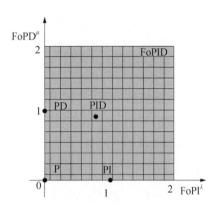

图 4.4.1 控制器阶次范围示意图

如图 4.4.1 所示，整数阶 PID 控制器的积分与微分的阶次只能在 0 与 1 之间选择，即只能在图中的四个点之间变换 P-PI-PD-PID；而分数阶 PID 控制器的积分与微分阶次可在图中的阴影部分内任意选取，即坐标系上 $\{(\lambda,\mu)\mid\lambda\geqslant0,\mu\geqslant0\}$ 区域内的平面集合中选取。由此可见，分数阶 PID 控制器的结构更具灵活性，与整数阶 PID 控制器相比，分数阶 PID 控制器可以根据被控对象的特性和设计要求，以及被控对象的不同阶数，选择合适的 λ 和 μ 值，以更好地调节系统的动态性能，达到最佳控制效果。

但是，分数阶 PID 控制器的相关控制结构是与整数阶控制器相类似的，其结构框图如图 4.4.2 所示。

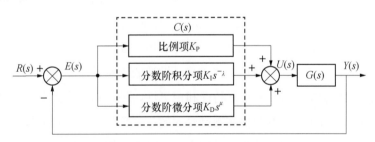

图 4.4.2 分数阶 PID 控制器结构框图

在上面的系统结构图中，$E(s)$ 为控制器的输入，$C(s)$ 代表的是分数阶 PID 控制器，$U(s)$ 为控制器的输出，$G(x)$ 代表的是控制器所控制的对象，其中控制器可以表示为

$$C(s)=\frac{U(s)}{E(s)}=K_P+\frac{K_I}{s^{\lambda}}+K_D s^{u} \qquad (4.4.1)$$

式中：λ 与 μ 可以是任意非负实数；K_P、K_I 和 K_D 是控制器的调节参数，分别是比例系数、积分系数及微分系数，也可理解为各项的增益。

在时域分析中，假设被控系统的跟踪误差为 $e(t)$，那么分数阶 PID 控制器的控制信号 $u(t)$ 为

$$u(t) = K_{\mathrm{P}}e(t) + K_{\mathrm{I}}D^{\lambda}e(t) + K_{\mathrm{D}}D^{-\mu}D^{\lambda}e(t) \tag{4.4.2}$$

由时域输出公式（4.4.2）可知，当参数 $\lambda = \mu = 1$ 时，公式所显示的形式即为常规整数阶 PID 控制器的输出表达式，所以常规整数阶 PID 控制器是分数阶 PID 控制器的一种特殊情况。除 K_{P}、K_{I} 和 K_{D} 这三项增益以外，还可以通过选择不同的 λ 和 μ 值以获得更好的控制效果，如鲁棒性更强，能更灵活地控制系统，具有高低频特性等。

由于分数阶微积分对系统具体特征的描述比整数阶微积分更加细致，分数阶 PID 控制能够适应于整数阶系统和分数阶系统的控制要求，且能够对分数阶系统模型实现更为理想的控制，因此在航空航天、量子物理、电力系统等相关的控制领域内有着较为广泛的应用。渐渐地，分数阶 PID 控制在电机系统中崭露头角，目前已经有诸多学者将分数阶 PID 控制应用于电机控制系统中，例如：文献［48］将分数阶比例积分控制器应用于永磁同步发电系统中的最大功率追踪，验证了分数阶 PI 控制器具有较快的响应速度和较高的功率输出性能；文献［49］为永磁同步发电机的励磁系统设计一种分数阶 PID 控制器，并用粒子群算法进行了参数优化。

本节在分数阶控制理论的基础上，引入无源控制理论，设计了 PFoPID，对分数阶 PID 进行 Oustaloup 近似将分数阶用一系列整数阶之和的形式来近似实现，引入可调积分阶次 λ，增加其控制维度[23,50]。将这一方法应用于并网光伏逆变器控制策略中，可以使控制系统灵活地应对并网光伏逆变器的非线性特征，并能加强动态过程中的鲁棒性。

需要说明的是，要将分数阶微积分算子实际运用到控制器设计之中，首先要解决的就是其数值的实现问题，如果其数值得不到实现，设计的控制系统将毫无意义。根据前面给出的定义发现，分数阶微积分具有全局特性和记忆性，是从初始点到终止点之间所有状态信息的综合体现，这就决定了其数值实现难度远超过整数阶系统。现阶段无法计算出分数阶微积分的精确数值，通常只能采用逼近的方法，以有限的整数阶状态信息近似出分数阶的数值。关于分数阶数值逼近的算法有很多，如 Euler 算子的 PSE 展开法，Tustin 算子、Simpson 算子和 Al-Alaoui 算子展开法，基于 G-L 定义的直接近似法以及 Oustaloup 近似方法等[51]。其中，Oustaloup 近似方法是一种比较实用的方法，具有计算精度高、运算简单的优点，因此本设计在分数阶微积分的数值实现上采用 Oustaloup 近似方法。

4.4.2 控制器设计

PFoPID 控制器是结合了无源控制理论与分数阶 PID 控制理论而设计的一种非线性鲁棒控制器，主要有三个设计阶段，分别是有益项保留、能量重塑、参数优化。

1. 有益项保留

基于光伏逆变器构建与直流侧电压、直流侧电流以及 q 轴电流相关的储能函数，进而对其中每一项的物理特性进行深入分析后保留系统阻尼有益项，从而提高系统的动态性能。

首先，在不同天气条件下基于扰动观测法得到直流侧参考电压值 U_{dc}^*，同时，根据用户需求的功率因数确定 q 轴参考电流值 i_q^*。

定义系统状态 $\boldsymbol{x} = (x_1, x_2, x_3)^T = (i_d, i_q, U_{dc})^T$，输出 $\boldsymbol{y} = (y_1, y_2)^T = (i_q, U_{dc})^T$ 和输入 $\boldsymbol{u} = (u_1, u_2)^T = (v_d, v_q)^T$，光伏逆变器的状态方程可写为

$$\dot{\boldsymbol{x}} = \begin{bmatrix} -\dfrac{R}{L}x_1 - \omega x_2 - \dfrac{e_d}{L} \\ -\dfrac{R}{L}x_2 + \omega x_1 - \dfrac{e_q}{L} \\ \dfrac{I_{pv}}{C} - \dfrac{e_d x_1 + e_q x_2}{Cx_3} \end{bmatrix} + \begin{bmatrix} \dfrac{1}{L} & 0 \\ 0 & \dfrac{1}{L} \\ 0 & 0 \end{bmatrix} \boldsymbol{u} \tag{4.4.3}$$

定义跟踪误差 $\boldsymbol{e} = [e_1, e_2]^T = [i_q - i_q^*, U_{dc} - U_{dc}^*]^T$，对跟踪误差 e 求导直到控制输入 u 显式出现，可得

$$\begin{bmatrix} \dot{e}_1 \\ \ddot{e}_2 \end{bmatrix} = \begin{bmatrix} f_1(x) \\ f_2(x) \end{bmatrix} + \boldsymbol{B}(x)\begin{bmatrix} u_1 \\ u_2 \end{bmatrix} - \begin{bmatrix} \dot{i}_q^* \\ \ddot{U}_{dc}^* \end{bmatrix} \tag{4.4.4}$$

其中

$$f_1(x) = -\frac{R}{L}i_q + \omega i_d - \frac{e_q}{L} \tag{4.4.5}$$

$$f_2(x) = \frac{\dot{I}_{pv}}{C} - \frac{e_d\left(-\dfrac{R}{L}i_d - \omega i_q - \dfrac{e_d}{L}\right) + e_q\left(-\dfrac{R}{L}i_q + \omega i_d - \dfrac{e_q}{L}\right)}{CU_{dc}} - \frac{(e_d i_d + e_q i_q)}{C^2 U_{dc}^2}I_{pv} + \frac{(e_d i_d + e_q i_q)^2}{C^2 U_{dc}^3} \tag{4.4.6}$$

$$\boldsymbol{B}(x) = \begin{bmatrix} 0 & \dfrac{1}{L} \\ -\dfrac{e_d}{LCU_{dc}} & -\dfrac{e_q}{LCU_{dc}} \end{bmatrix} \tag{4.4.7}$$

为确保上述输入—输出的线性化，控制增益矩阵 $\boldsymbol{B}(x)$ 在整个运行范围内必须是可逆的，即

$$\det[\boldsymbol{B}(x)] = \frac{e_d}{L^2 CU_{dc}} \neq 0 \tag{4.4.8}$$

构建系统 [式 (4.4.4)] 的储能函数，如下

$$H(i_{\mathrm{q}}, U_{\mathrm{dc}}, I_{\mathrm{dc}}) = \underbrace{\frac{1}{2}(i_{\mathrm{q}} - i_{\mathrm{q}}^{*})^{2}}_{\text{交流串联电阻发热}} + \underbrace{\frac{1}{2}(U_{\mathrm{dc}} - U_{\mathrm{dc}}^{*})^{2}}_{\text{直流并联电阻发热}} + \underbrace{\frac{1}{2}\left(\frac{I_{\mathrm{dc}}}{C} - \dot{U}_{\mathrm{dc}}^{*}\right)^{2}}_{\text{直流串联电阻发热}} \quad (4.4.9)$$

式中：储能函数 $H(i_{\mathrm{q}}, U_{\mathrm{dc}}, I_{\mathrm{dc}})$ 的物理意义为交流串联电阻发热、直流并联电阻发热和直流串联电阻发热之和。

进一步地，储能函数的第一项 $\frac{1}{2}(i_{\mathrm{q}} - i_{\mathrm{q}}^{*})^{2}$ 代表功率因数的调节，储能函数的后两项 $\frac{1}{2}(U_{\mathrm{dc}} - U_{\mathrm{dc}}^{*})^{2}$ 和 $\frac{1}{2}\left(\frac{I_{\mathrm{dc}}}{C} - \dot{U}_{\mathrm{dc}}^{*}\right)^{2}$ 代表光伏逆变器将太阳能转化为电能的过程。根据直流侧动态，直流侧电压 U_{dc} 和直流侧电流 I_{dc} 的变化可直接反映出光伏输出功率 P_{pv} 的变化。

对储能函数 $H(i_{\mathrm{q}}, U_{\mathrm{dc}}, I_{\mathrm{dc}})$ 求导，可得

$$\dot{H}(i_{\mathrm{q}}, U_{\mathrm{dc}}, I_{\mathrm{dc}}) = (i_{\mathrm{q}} - i_{\mathrm{q}}^{*})\left(-\frac{R}{L}i_{\mathrm{q}} + \omega i_{\mathrm{d}} - \frac{e_{\mathrm{q}}}{L} + \frac{1}{L}u_{2} - \dot{i}_{\mathrm{q}}^{*}\right) + \left(\frac{I_{\mathrm{dc}}}{C} - \dot{U}_{\mathrm{dc}}^{*}\right)$$

$$\left[U_{\mathrm{dc}} - U_{\mathrm{dc}}^{*} + \frac{\dot{I}_{\mathrm{pv}}}{C} - \frac{e_{\mathrm{d}}\left(-\frac{R}{L}i_{\mathrm{d}} - \omega i_{\mathrm{q}} - \frac{e_{\mathrm{d}}}{L}\right) + e_{\mathrm{q}}\left(-\frac{R}{L}i_{\mathrm{q}} + \omega i_{\mathrm{d}} - \frac{e_{\mathrm{q}}}{L}\right)}{CU_{\mathrm{dc}}}\right.$$

$$\left. - \frac{(e_{\mathrm{d}}i_{\mathrm{d}} + e_{\mathrm{q}}i_{\mathrm{q}})}{C^{2}U_{\mathrm{dc}}^{2}}I_{\mathrm{pv}} + \frac{(e_{\mathrm{d}}i_{\mathrm{d}} + e_{\mathrm{q}}i_{\mathrm{q}})^{2}}{C^{2}U_{\mathrm{dc}}^{3}} - \frac{e_{\mathrm{d}}}{LCU_{\mathrm{dc}}}u_{1} - \frac{e_{\mathrm{q}}}{LCU_{\mathrm{dc}}}u_{2} + \ddot{U}_{\mathrm{dc}}^{*}\right]$$

$$(4.4.10)$$

2. 能量重塑

首先设计一个 FoPID 控制，并将其作为附加控制输入来重塑储能函数，其分数阶微分与分数阶积分机制可进一步增强控制性能。

针对式 (4.4.10)，设计 PFoPID 控制如下

$$u_{1} = -\frac{LCU_{\mathrm{dc}}}{e_{\mathrm{d}}}\left[\ddot{U}_{\mathrm{dc}}^{*} - U_{\mathrm{dc}} + U_{\mathrm{dc}}^{*} + \frac{e_{\mathrm{q}}}{LCU_{\mathrm{dc}}}u_{2} - \frac{\dot{I}_{\mathrm{pv}}}{C}\right.$$

$$+ \frac{e_{\mathrm{d}}\left(-\frac{R}{L}i_{\mathrm{d}} - \omega i_{\mathrm{q}} - \frac{e_{\mathrm{d}}}{L}\right) + e_{\mathrm{q}}\left(-\frac{R}{L}i_{\mathrm{q}} + \omega i_{\mathrm{d}} - \frac{e_{\mathrm{q}}}{L}\right)}{CU_{\mathrm{dc}}} \quad (4.4.11)$$

$$\left. + \frac{(e_{\mathrm{d}}i_{\mathrm{d}} + e_{\mathrm{q}}i_{\mathrm{q}})}{CU_{\mathrm{dc}}^{2}}\dot{U}_{\mathrm{dc}}^{*} - \nu_{1}\right]$$

$$u_{2} = L\dot{i}_{\mathrm{q}}^{*} - \omega Li_{\mathrm{d}} + Ri_{\mathrm{q}}^{*} + e_{\mathrm{q}} - \nu_{2} \quad (4.4.12)$$

式中：ν_{1} 和 ν_{2} 为附加控制输入，设计如下

$$\nu_{1} = K_{\mathrm{P1}}(U_{\mathrm{dc}} - U_{\mathrm{dc}}^{*}) + \frac{K_{\mathrm{I1}}}{s^{\lambda_{1}}}(U_{\mathrm{dc}} - U_{\mathrm{dc}}^{*}) + K_{\mathrm{D1}}s^{\mu_{1}}(U_{\mathrm{dc}} - U_{\mathrm{dc}}^{*}) \quad (4.4.13)$$

$$\nu_2 = K_{P2}(i_q - i_q^*) + \frac{K_{I2}}{s^{\lambda_2}}(i_q - i_q^*) + K_{D2}s^{\mu_2}(i_q - i_q^*) \tag{4.4.14}$$

式中：K_{P1}、K_{P2}、K_{I1}、K_{I2}、K_{D1} 和 K_{D2} 为 PID 控制增益；μ_1 和 μ_2 为微分阶次；λ_1 和 λ_2 为积分阶次。

将 PFoPID 控制输入［式（4.4.11）～式（4.4.14）］代入储能函数的一阶导数式（4.4.10）中，同时计及直流侧动态，可得

$$\dot{H}(i_q, U_{dc}, I_{dc}) = \underbrace{-\frac{1}{CR_{dc}}(\dot{U}_{dc} - \dot{U}_{dc}^*)^2 - \frac{R}{L}(i_q - i_q^*)^2}_{\text{系统阻尼有益项}} \underbrace{- (\dot{U}_{dc} - \dot{U}_{dc}^*)\nu_1 - \frac{i_q - i_q^*}{L}\nu_2}_{\text{能量重塑}}$$

$$\tag{4.4.15}$$

式中：$R_{dc} = \dfrac{U_{dc}^2}{e_d i_d + e_q i_q}$ 表示与直流侧电容并联的虚拟电阻。

在此，式（4.4.15）的前两个对系统阻尼有益的项被保留，从而提高 q 轴电流 i_q 和直流侧电压 U_{dc} 的跟踪速率。同时，式（4.4.15）的后两项与 FoPID 控制相结合，通过调整 FoPID 控制参数，可显著提高储能函数的衰减速率，从而进一步改进闭环系统的动态性能。

3. 参数优化

采用新型启发式算法，即改进的灰狼优化算法（grouped grey wold optimizer，GGWO）[52]，来搜索最优 PFoPID 控制参数。该算法通过改进灰狼群分组机制来实现更好的局部探索和全局搜索之间的平衡，从而获得更佳的寻优质量。

GGWO 为常规灰狼优化算法（grey wold optimizer，GWO）的改进算法，其通过引入分组机制来实现灰狼群之间更广泛和更深入的合作捕猎，从而显著地提高全局最优搜索性能。GGWO 的细节可参见文献［52］。

其猎物包围策略如下

$$\boldsymbol{D} = |\boldsymbol{C} \cdot \boldsymbol{X}_p(t) - \boldsymbol{X}(t)| \tag{4.4.16}$$

$$\boldsymbol{X}(t+1) = \boldsymbol{X}_p(t) - \boldsymbol{A} \cdot \boldsymbol{D} \tag{4.4.17}$$

$$\boldsymbol{A} = 2\boldsymbol{\alpha} \cdot \boldsymbol{r}_1 - \boldsymbol{\alpha} \tag{4.4.18}$$

$$\boldsymbol{C} = 2 \cdot \boldsymbol{r}_2 \tag{4.4.19}$$

式中：t 表示当前迭代次数；$\boldsymbol{X}_p$ 和 $\boldsymbol{X}$ 分别是猎物和灰狼的位置矢量；$\boldsymbol{A}$ 和 $\boldsymbol{C}$ 是系数矢量；$\boldsymbol{\alpha}$ 是包围系数矢量，迭代过程中，其值从 2 线性递减至 0；$\boldsymbol{r}_1$ 和 $\boldsymbol{r}_2$ 分别表示在 ［0，1］ 中的随机矢量。

狩猎策略描述如下

$$\begin{cases} \boldsymbol{D}_\alpha = |\boldsymbol{C}_1 \cdot \boldsymbol{X}_\alpha - \boldsymbol{X}|, \quad \boldsymbol{D}_{\beta 1} = |\boldsymbol{C}_2 \cdot \boldsymbol{X}_{\beta 1} - \boldsymbol{X}|, \quad \boldsymbol{D}_{\beta 2} = |\boldsymbol{C}_2 \cdot \boldsymbol{X}_{\beta 2} - \boldsymbol{X}| \\ \boldsymbol{D}_{\delta 1} = |\boldsymbol{C}_3 \cdot \boldsymbol{X}_{\delta 1} - \boldsymbol{X}|, \quad \boldsymbol{D}_{\delta 2} = |\boldsymbol{C}_3 \cdot \boldsymbol{X}_{\delta 2} - \boldsymbol{X}|, \quad \boldsymbol{D}_{\delta 3} = |\boldsymbol{C}_3 \cdot \boldsymbol{X}_{\delta 3} - \boldsymbol{X}| \end{cases}$$

$$\tag{4.4.20}$$

$$\begin{cases} \boldsymbol{X}_1 = \boldsymbol{X}_\alpha - \boldsymbol{A}_1 \cdot (\boldsymbol{D}_\alpha), \quad \boldsymbol{X}_{21} = \boldsymbol{X}_{\beta 1} - \boldsymbol{A}_2 \cdot (\boldsymbol{D}_{\beta 1}), \quad \boldsymbol{X}_{22} = \boldsymbol{X}_{\beta 2} - \boldsymbol{A}_2 \cdot (\boldsymbol{D}_{\beta 2}) \\ \boldsymbol{X}_{31} = \boldsymbol{X}_{\delta 1} - \boldsymbol{A}_3 \cdot (\boldsymbol{D}_{\delta 1}), \quad \boldsymbol{X}_{32} = \boldsymbol{X}_{\delta 2} - \boldsymbol{A}_3 \cdot (\boldsymbol{D}_{\delta 2}), \quad \boldsymbol{X}_{33} = \boldsymbol{X}_{\delta 3} - \boldsymbol{A}_3 \cdot (\boldsymbol{D}_{\delta 3}) \end{cases}$$

$$(4.4.21)$$

$$\begin{cases} \boldsymbol{X}(t+1) = k_\alpha \boldsymbol{X}_1 + k_\beta \left(\dfrac{\boldsymbol{X}_{21} + \boldsymbol{X}_{22}}{2} \right) + k_\delta \left(\dfrac{\boldsymbol{X}_{31} + \boldsymbol{X}_{32} + \boldsymbol{X}_{33}}{3} \right) \\ k_\alpha + k_\beta + k_\delta = 1, \quad k_\alpha \geqslant 0, \quad k_\beta \geqslant 0, \quad k_\delta \geqslant 0 \end{cases}$$

$$(4.4.22)$$

式中：$\boldsymbol{X}_\alpha$、$\boldsymbol{X}_\beta$ 和 $\boldsymbol{X}_\delta$ 分别是 α 狼、β 狼和 δ_1 狼的位置；k_α、k_β 和 k_δ 分别代表 α 狼、β 狼和 δ_1 狼的引导系数。

随机侦查策略如下

$$\boldsymbol{X}(t+1) = \boldsymbol{X}(t) + \boldsymbol{r}_{\delta 2} \qquad (4.4.23)$$

式中：$\boldsymbol{r}_{\delta 2}$ 是一个范围任意的随机侦察矢量，仅受可控变量的上下界限制。

GGWO 的优化流程如图 4.4.3 所示。图中，ε 为收敛判据，在这里选取 $\varepsilon = 10^{-4}$；F_k 和 F_{k-1} 分别表示在第 k 次迭代和第 $k-1$ 次迭代时的适应度函数值。

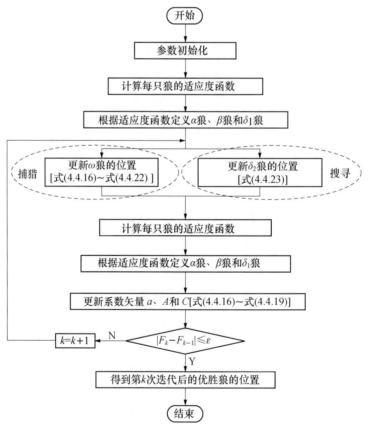

图 4.4.3　GGWO 的优化流程

本小节将 PFoPID 应用于光伏逆变器，在光照强度变化、温度变化以及电网电压跌落三种算例下进行仿真实验，通过 GGWO 调节最优控制器参数以实现 MPPT，优化目标为最小化直流侧电压 U_{dc} 的跟踪误差，q 轴电流 i_q 的跟踪误差，以及控制成本。上述优化模型如下

$$\text{Min}F = \sum_{\text{三种算例}} \int_0^T (\mid U_{dc} - U_{dc}^* \mid + \mid i_q - i_q^* \mid + \omega_1 \mid u_1 \mid + \omega_2 \mid u_2 \mid) dt$$

$$\text{s.t.} \begin{cases} K_{Pi}^{\min} \leqslant K_{Pi} \leqslant K_{Pi}^{\max} \\ K_{Ii}^{\min} \leqslant K_{Ii} \leqslant K_{Ii}^{\max} \\ K_{Di}^{\min} \leqslant K_{Di} \leqslant K_{Di}^{\max} \\ \lambda_i^{\min} \leqslant \lambda_i \leqslant \lambda_i^{\max} \\ \mu_i^{\min} \leqslant \mu_i \leqslant \mu_i^{\max} \\ u_i^{\min} \leqslant u_i \leqslant u_i^{\max} \end{cases}, \quad i = 1, 2 \qquad (4.4.24)$$

式中：权重系数 $\omega_1 = \omega_2 = 0.2$，仿真时间 $T = 3s$；PID 控制参数 K_{Pi}、K_{Ii} 和 K_{Di} 的取值范围分别为 $[0, 300]$、$[0, 200]$ 和 $[0, 50]$；积分阶次 μ_i 和微分阶次 λ_i 的范围均为 $[0, 2]$；控制输入则限制于 $[-0.6, 0.6]$；引导系数 $k_\alpha = 0.3$，$k_\beta = 0.4$，$k_\delta = 0.3$；合作狩猎组的种群大小 $n_h = 12$；随机侦察组的种群大小 $n_s = 6$[52]。

PFoPID 控制与 PID 控制[14]、FoPID 控制[23] 和 PBC[53] 的控制参数均经过 GGWO 优化后进行对比。其中 GGWO 运行 30 次，每个控制器都采用最佳结果（适应度函数最小的控制参数）下的控制器最优参数，见表 4.4.1，GGWO 优化后各控制器统计结果见表 4.4.2。由表 4.4.2 可见，PBC 仅需优化两个参数，故其收敛时间最短。此外，由于分数阶机制的引入，FoPID 控制比 PID 控制能获得更低的适应度函数。最后，PFoPID 控制拥有最低的适应度函数，因此它在上述控制器中具有最佳的控制性能。

表 4.4.1　　　　　　　　30 次 GGWO 优化后的各控制器最优控制参数

算法	q 轴电流			直流侧电压		
PID	$K_{P1} = 197$	$K_{I1} = 126$	$K_{D1} = 55$	$K_{P2} = 173$	$K_{I2} = 116$	$K_{D2} = 73$
FoPID	$K_{P1} = 185$	$K_{I1} = 147$	$K_{D1} = 25$	$K_{P2} = 148$	$K_{I2} = 182$	$K_{D2} = 51$
	$\mu_1 = 1.63$	$\lambda_1 = 1.25$	—	$\mu_2 = 1.44$	$\lambda_2 = 1.93$	—
PBC	$\lambda_1 = 35$	—	—	$\lambda_2 = 57$	—	—
PFoPID	$K_{P1} = 120$	$K_{I1} = 85$	$K_{D1} = 10$	$K_{P2} = 165$	$K_{I2} = 120$	$K_{D2} = 15$
	$\mu_1 = 1.75$	$\lambda_1 = 1.5$	—	$\mu_2 = 1.5$	$\lambda_2 = 1.25$	—

表 4.4.2　　　　　　　　　30 次 GGWO 优化后的各控制器优化统计结果

算法	适应度函数（p.u.）			收敛时间（h）			迭代次数		
	最大值	最小值	平均值	最大值	最小值	平均值	最大值	最小值	平均值
PID	2.18	1.64	1.89	0.51	0.42	0.47	176	153	162
FoPID	1.87	1.48	1.55	0.45	0.33	0.38	145	113	136
PBC	1.34	1.07	1.22	0.14	0.11	0.13	52	24	33
PFoPID	1.17	0.92	1.03	0.64	0.51	0.57	164	141	153

至此，光伏发电系统［式（4.4.8）］实现 MPPT 的 PFoPID 控制［式（4.4.15）～式（4.4.18）］的整体控制结构如图 4.4.4 所示，其中控制输入通过 SPWM 得到。其中，dq/abc 表示从 dq 坐标系转 abc 坐标系；abc/dq 表示从 abc 坐标系转 dq 坐标系。

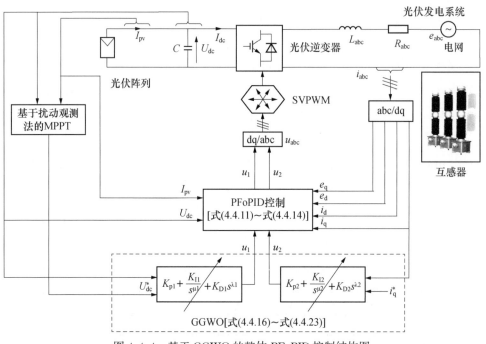

图 4.4.4　基于 GGWO 的整体 PFoPID 控制结构图

4.4.3　算例分析

本小节将 PFoPID 控制器应用于光伏逆变器上，以实现不同天气条件下的 MPPT。对此，为验证 PFoPID 的控制性能，在光照强度变化、温度变化和电网电压跌落三种算例下与 PID、FoPID、PBC 三种控制器对比分析。表 4.4.3 列出了光伏发电系统参数[16]。这里，选取光照强度 $1kW/m^2$ 和温度 25℃ 作为额定值，q 轴电流 $i_q=0$。在标准运行条件下，光伏输出功率为 $P=1867W$，直流侧电压为 $U_{dc}=539.5V$，光伏输出电流为 $I_{pv}=3.46A$。

表 4.4.3　　　　　　　　　　　　　光伏发电系统参数

峰值功率（W）	60	二极管理想因子	1.5
峰值功率下电压（V）	17.1	串联电阻（Ω）	0.21
峰值功率下电流 I_{sc}（A）	3.5	电网电压（V）	120
短路电流 I_{sc}（A）	3.8	频率 f（Hz）	50
开路电压 U_{oc}（V）	21.1	等效电感 L（mH）	2
I_{sc} 的温度系数 k_1（mA/℃）	3	等效电阻 R（Ω）	0.1
额定工作温度 T_N（℃）	49	直流侧电容 C（μF）	2200

1. 光照强度变化

为研究光照强度变化对光伏发电系统输出的影响，在 $t=0.2\text{s}$ 时光照强度从 1kW/m^2 下降到 0.5kW/m^2，在 $t=0.7\text{s}$ 时光照强度增加到 0.8kW/m^2，在 $t=1.2\text{s}$ 时恢复到 1kW/m^2。在光照强度变化期间，温度保持在其额定值（25℃）。同时，在 $t=0.2\text{s}$ 时 q 轴电流 i_q 增加到 50A，在 $t=1.2\text{s}$ 时减小到 30A。图 4.4.5 所示为四种控制器在光照强度变化时光伏系统响应性能。

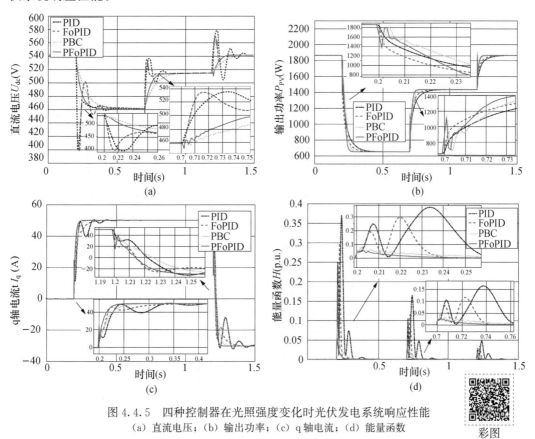

图 4.4.5　四种控制器在光照强度变化时光伏发电系统响应性能
(a) 直流电压；(b) 输出功率；(c) q 轴电流；(d) 能量函数

彩图

图 4.4.5（a）～（d）分别显示了四种控制器在光照强度变化时光伏系统的直流电流、输出功率、q 轴电流和能量函数的变化过程。在图 4.4.5（a）中，PID 控制出现了

显著的直流电压振荡，而 FoPID 控制可在一定程度上抑制这种振荡。相比之下，PBC 和 PFoPID 控制均无振荡产生，与其他控制器相比，PFoPID 控制以最快速率达到新的稳态，有效地跟踪直流侧电压。由图 4.4.5（b）可知，PFoPID 控制精度较高，能在环境变化的过程中不停地寻找最大功率点，并能在最短时间内完成跟踪并保持稳定，具有较好的响应速度和跟踪精度。由图 4.4.5（c）可知，光照强度变化时，PFoPID 控制能对 q 轴的电流波形很快做出反应，迅速完成跟踪并保持稳定，稳态时也没有出现不必要的扰动，而其他控制器在稳态期间也呈现出了一定的波动。图 4.4.5（d）中储能函数 $H(i_q, U_{dc}, I_{dc})$ 的实时变化说明 PFoPID 控制可以同时实现最快的跟踪速率（最陡的斜率）和最低的跟踪误差（最低的峰值）。综上，在光照强度变化时，PFoPID 控制可以通过能量重塑和分数阶控制机制以最快速度和最优精度实现 MPPT。

2. 温度变化

光照强度保持在 $1kW/m^2$，在 $t=0.2s$ 时温度从 25℃ 升高到 40℃，在 $t=0.95s$ 时温度从 40℃ 降低到 25℃。同时，在 $t=0.2s$ 时 q 轴电流 i_q 降至 $-40A$，在 $t=0.95s$ 时升高至 20A。系统响应性能如图 4.4.6 所示。

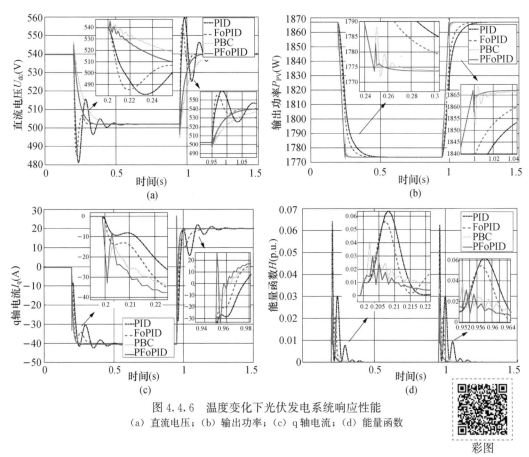

图 4.4.6 温度变化下光伏发电系统响应性能
（a）直流电压；（b）输出功率；（c）q 轴电流；（d）能量函数

彩图

由图 4.4.6 可知，在光照强度恒定、温度变化的情况下，PFoPID 的光伏系统响应性能与光照强度变化时相似，在温度变化的过程中始终跟随最大功率点，能在极短时间内完成跟踪并保持稳定，具有较好的响应速度和跟踪精度，在四个控制器中具有最佳的控制性能。

3. 电网电压跌落

为测试 PFoPID 控制在电网发生故障后的恢复统能力，设置 0.2～0.35s 时间内电网电压跌落至 0.4p. u.。图 4.4.7 显示了四种控制器在电网电压跌落变化下光伏系统响应性能。

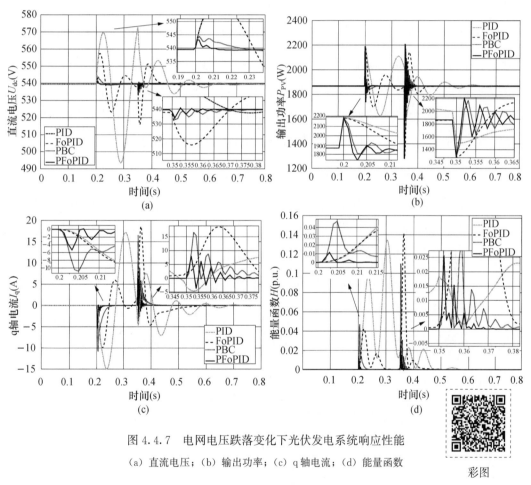

图 4.4.7 电网电压跌落变化下光伏发电系统响应性能

(a) 直流电压；(b) 输出功率；(c) q 轴电流；(d) 能量函数

彩图

电网电压跌落时，基于四种控制器的光伏系统直流电流、输出功率、q 轴电流和能量函数的变化过程分别如图 4.4.7 (a) ～ (d) 所示。由图 4.4.7 (a) ～ (c) 可知，在系统电网电压跌落时，PFoPID 控制可以最快的速率和最低的振荡幅度恢复故障引起的有功功率、直流侧电压和 q 轴电流的波动，在极短时间内完成跟踪并保持稳定，因此，其可有效抑制电网故障对并网光伏发电系统的不良影响。图 4.4.7（d）中储能函数的变化表明，由于系统阻尼有益项的保留和剩余非线性项的完全补偿，PBC 和 PFoPID 控制可以实现最小的能量振荡，从而大幅提高光伏发电系统的稳定性。与其他三种控制器相比，PFoPID 控制具有最佳的故障抑制能力，即对电压扰动具有最强的鲁棒性。因此，PFoPID 控制能在各类工况下实现最优的最大功率跟踪性能并且有较好的动态特性，和经典的 PID 控制相比，它更适用于有广义扰动存在的光伏系统中。

4. 定量分析

表 4.4.4 列出了三种算例下四个控制器 IAE 指标（p.u.），其中，$\text{IAE}_{Iq} = \int_0^T |i_q - i_q^*| \, \mathrm{d}t$，$i_q^*$ 是 q 轴电流参考值；$\text{IAE}_{Udc} = \int_0^T |U_{dc} - U_{dc}^*| \, \mathrm{d}t$，$U_{dc}^*$ 是直流侧电压参考值。由表 4.4.4 可得，PFoPID 控制拥有最低的 IAE 指标，这主要归咎于其系统阻尼有益项保留和能量重塑机制。特别地，PFoPID 控制在温度变化下的 IAE_{Iq} 分别是 PID 控制的 74.74%，FoPID 控制的 77.43% 和 PBC 的 82.31%。同时，PFoPID 控制在电压跌落下的 IAE_{Udc} 分别是 PID 控制的 83.37%，FoPID 控制的 86.59%，PBC 的 91.46%。

此外，在三种算例下对储能函数的能量积累进行比较，即 $\int_0^T H(i_q, U_{dc}, I_{dc}) \, \mathrm{d}t$，其值反映了系统整体跟踪误差，见表 4.4.5。可以发现，PID 控制具有最大的跟踪误差。相比之下，PFoPID 控制的跟踪误差最小，因此 PFoPID 控制在受到外界扰动时，仍能保持较为精确的功率跟踪，可以达到最佳的控制性能。

最后，表 4.4.6 比较了三种算例下四个控制器所需的总控制成本，即 $u = \int_0^T (|u_1| + |u_2|) \, \mathrm{d}t$。由图可知，PFoPID 控制在所有算例下均具有最低的总控制成本。特别地，在电网电压跌落下，其总控制成本分别为 PID 控制的 92%，FoPID 控制的 92.6% 和 PBC 的 95.08%。

表 4.4.4　　　　三种算例下四个控制器的 IAE 指标（p.u.）

算例	IAE 指标	PID	FoPID	PBC	PFoPID
光照强度变化	IAE_{Iq}	0.1837	0.1732	0.1611	0.1407
	IAE_{Udc}	0.4484	0.4412	0.4357	0.3901
温度变化	IAE_{Iq}	0.2217	0.2140	0.2013	0.1657
	IAE_{Udc}	0.5587	0.5431	0.5262	0.4778
电网电压跌落	IAE_{Iq}	0.3413	0.3207	0.2938	0.2476
	IAE_{Udc}	0.7529	0.7249	0.6863	0.6277

表 4.4.5　　　　　　三种算例下四种控制器的总体整体跟踪误差（p. u.）

控制器	光照强度变化	温度变化	电网电压跌落
PID	0.657	0.826	0.935
FoPID	0.624	0.803	0.912
PBC	0.586	0.771	0.867
PFoPID	0.531	0.742	0.823

表 4.4.6　　　　　　三种算例下不同控制器所需的总控制成本（p. u.）

控制器	光照强度变化	温度变化	电网电压跌落
PID	0.546	0.793	0.925
FoPID	0.537	0.788	0.919
PBC	0.511	0.752	0.895
PFoPID	0.486	0.718	0.851

4.4.4　硬件在环实验

本小节基于 dSpace 进行 HIL 实验，一方面验证 PFoPID 控制器在光伏发电系统中的硬件可行性，另一方面评估 PFoPID 控制器的控制精度和实际运算能力。其 HIL 实验框架结构示意图和实验硬件平台分别如图 4.4.8 和图 4.4.9 所示。特别地，基于 PFoPID 的 q 轴电流和直流侧电压控制器置于 DS1104 平台，其采样频率为 $f_c = 1\text{kHz}$；同时，光伏发电系统置于 DS1006 平台，采样频率为 $f_s = 50\text{kHz}$，旨在最大限度地模拟真实的光伏发电系统。通过 DS1006 中光伏发电系统的实时模拟可得到 q 轴电流 i_q 和直流侧电压 U_{dc} 的测量值，并通过进入 DS1104 平台中的 PFoPID 控制器实时传输控制器输出信号。

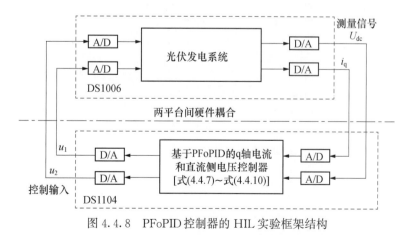

图 4.4.8　PFoPID 控制器的 HIL 实验框架结构

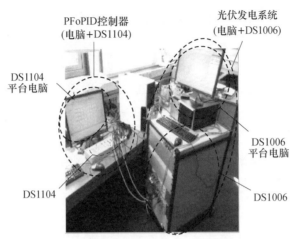

图 4.4.9　PFoPID 控制器的 HIL 实验硬件平台

1. 光照强度变化

图 4.4.10 比较了仿真和 HIL 实验所获得的光伏发电系统响应，可发现 HIL 实验结果非常接近于仿真结果。

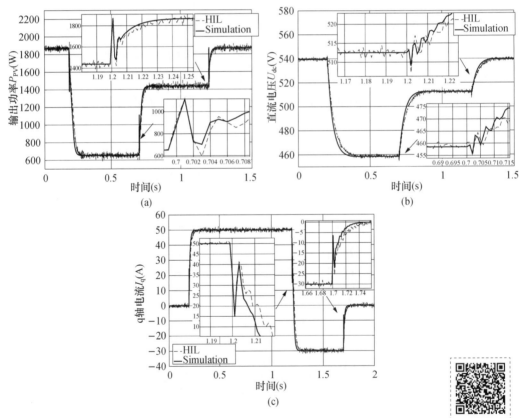

彩图

图 4.4.10　光照强度变化下仿真和 HIL 实验结果图
(a) 输出功率；(b) 直流电压；(c) q 轴电流

122

2. 温度变化

温度变化下光伏发电系统响应如图 4.4.11 所示，可见 HIL 实验能实现与仿真几乎相同的控制性能。图 4.4.11 中对 $t=1.7\text{s}$ 人为地将 q 轴电流进行调整，从而进一步验证了直流侧电压与 q 轴电流可实现完全解耦控制。

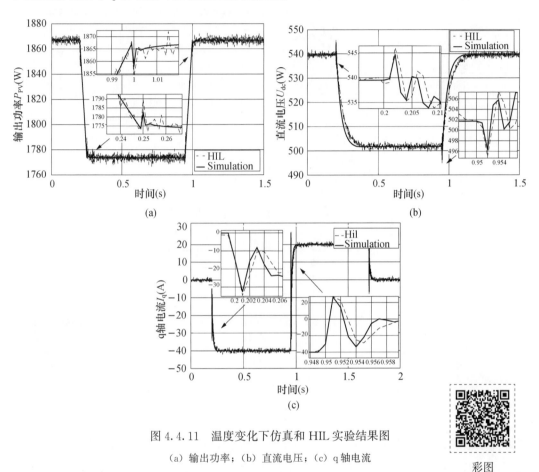

图 4.4.11　温度变化下仿真和 HIL 实验结果图

（a）输出功率；（b）直流电压；（c）q 轴电流

彩图

3. 电网电压跌落

在相同的电网电压跌落时的光伏发电系统响应性能如图 4.4.12 所示。可以观察到，HIL 实验结果和仿真结果非常相似。

4.4.5　小结

本节针对并网光伏逆变器而设计了基于 GGWO 的 PFoPID 控制器，旨在实现不同天气条件下的 MPPT。该设计结合了无源控制理论的优点，将被控系统和控制器分别视为两个相互作用的能量转换装置。首先，对被控系统构建一个储能函数，并对其进行求导后分析各项的物理意义。基于跟踪误差来构建储能函数的过程中，保留系统阻尼有益

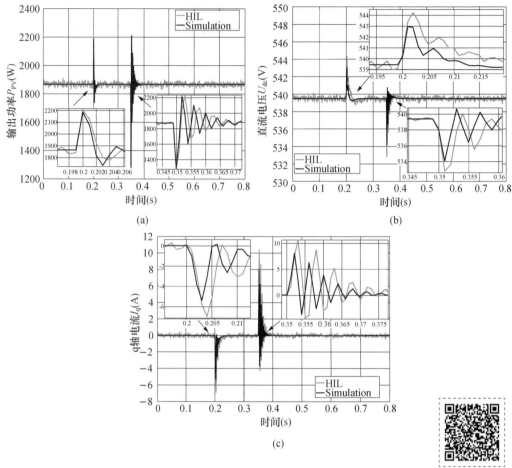

图 4.4.12　电网电压跌落下光伏发电系统响应性能

(a) 输出功率；(b) 直流电压；(c) q 轴电流

彩图

项提高了跟踪速率，并完全补偿其他的系统非线性，以实现全局一致的控制性能。此外，控制器被视为另一个对被控系统进行能量重塑的装置，引入分数阶 PID 控制作为附加控制输入对储能函数进行能量重塑，并通过 GGWO 获取最优控制参数，从而动态调节被控系统的阻尼，提高系统的动态响应能力。基于 GGWO 的 PFoPID 控制器来实现并网光伏逆变器的 MPPT，其主要成果可总结为以下几点：

（1）基于无源控制理论，构建了光伏逆变器的储能函数，对系统各项的物理特性进行深入的分析，保留系统阻尼项从而提高系统的动态性能。

（2）引入分数阶 PID 控制机制作为额外输入对储能函数进行能量重塑，其中，采用群灰狼优化算法来获取其最优控制参数，从而进一步提升所提控制器的控制性能。

（3）三种算例下的仿真结果表明，PFoPID 控制器可在各种天气条件下达到满意的控制性能，同时仅需最低的总控制成本。

（4）最后，基于 dSpace 的 HIL 实验验证了其硬件可行性。

4.5 鲁棒分数阶滑模控制

SMC 是一类特殊的鲁棒控制方法，依赖于系统结构，在动态过程中通过有目的地切换系统状态，迫使系统按照预定滑动模态运动。在第 2 章和第 3 章中，我们基于滑模控制理论设计出一种非线性鲁棒控制器，并将其应用于永磁同步发电机和双馈感应电机中，实验结果证明，SMC 对非线性系统具有良好的控制效果，因此本节将其用于同样具有强非线性的并网光伏逆变器中。另外，SMC 本质是一种开关控制，它利用不连续项来抑制外界扰动和参数变化的影响，导致不连续项的最小幅值随着扰动量幅值和参数变化范围的增大而增加，就会增加系统抖振。为实现最优的光伏系统 MPPT，本节引入扰动观测器和分数阶微积分理论，设计一款基于扰动观测器的鲁棒分数阶滑模控制（perturbation observer based fractional‐order sliding‐mode control，POFO‐SMC），在实现光伏系统 MPPT 的同时，增强系统的鲁棒性和控制性能。POFO‐SMC 采用滑模控制进行逆变器并网电流跟踪时，对外部扰动具有抵抗能力，且不依赖逆变器的系统参数，能够获得良好的动态性能与跟踪精度。将分数阶微积分理论、扰动观测器理论与滑模控制理论相结合，能增强系统变化过程的连续性和控制系统的灵活性，有利于限制运动点的速度和到达滑模面时的冲击，在保留传统滑模特性的同时，削弱抖振问题，实现更强的鲁棒性能与更高的跟踪精度，从而提升控制器的性能。下面，首先对分数阶滑模控制进行介绍。

4.5.1 分数阶滑模控制

对函数的整数阶微积分运算是建立在考虑了函数的局部特性基础上，而对函数的分数阶微积分运算以加权的形式考虑了函数的全局特性。在很多工程应用和理论研究中，利用分数阶微积分对系统进行建模，可以更准确地描述实际系统的动态特性和表征能力。利用分数阶微积分设计控制器可以提高系统的控制能力和控制精度。由于分数阶微积分的微积分算子具有全局记忆性，因此，相比于整数阶系统，分数阶系统能反映出系统的更多状态信息，能够更加精确地表现系统的全局运动状态[54]。将分数阶微积分理论与滑模控制理论相结合，可以利用分数阶微分算子的记忆性特点增强系统变化过程的连续性，有利于限制运动点的速度和到达滑模面时的冲击，从而削弱抖振现象。同时分数阶的引入增加了系统的参数自由度，使控制效果更加灵活，能够实现更高的跟踪精度[55,56]。分数阶滑模控制（fractional order sliding mode control，FO‐SMC）保持了传统 SMC 的理论特性，即滑模变结构控制的存在性、可达性和稳定性这三个基本性质保持不变，又增加了新的应用特性。为了确保分数阶滑模面的存在，分数阶滑动模态的存在性条件和可达性条件与传统 SMC 相同，而滑动模态的稳定性条件除了利用传统滑模判断方法之外，还可以利用分数阶稳定理论构造具有分数阶特性的 Lyapunov 函数，进行闭环系统的稳定性证明。

1. 分数阶滑模趋近律

趋近运动阶段作为 SMC 的一个重要组成部分，其本质属于连续控制，基本要求是使系统状态能够到达滑模面。在状态点趋近于滑模面的过程中，常常是希望趋近速度尽可能快，同时也要尽最大可能保证在到达时 S 不宜过大，以免引起较大的冲击，减少系统的抖振。

高为炳院士提出了趋近律的概念[56]，通过设计趋近律能够使趋近运动更好地按照期望的方式运行，容易实现控制，目前已广泛应用于滑模控制系统中。趋近律方法是整数阶滑模控制中最常见的削弱抖振、增强动态性能的途径，其中指数趋近律能在缩短状态点运动到滑模面所需时间的同时，限制其到达滑模面时产生的冲击，在提高滑模控制整体品质方面效果显著。

分数阶滑模趋近律的类型与整数阶系统相同，通过在整数阶趋近律中增加分数阶微分项得到，其设计步骤与要求也可以参考相应的整数阶系统理论。分数阶微分项可以增强控制系统的连续性，使系统的状态变化更加平滑。再结合等效控制理论与分数阶滑模趋近律可以在保留传统滑模特性的同时，削弱抖振问题，获得强鲁棒性能与高控制精度。本小节仅给出一种分数阶滑模趋近律以便说明。

根据分数阶符号函数和传统趋近律的性质，分数阶趋近律的表达式为

$$D^{\alpha}S = -\varepsilon \mathrm{sgn}(S) - kS \qquad (4.5.1)$$

式中：$-kS$ 为指数趋近项；$-\varepsilon \mathrm{sgn}(S)$ 为等速趋近项，其中，$0<\alpha<1$，$\varepsilon>0$，$k>0$。当调解系数 k 数值较大，系数 ε 数值较小时，在趋近运动初始阶段 S 较大，系统以较大的速度趋近于滑动模态；运动点即将到达滑模面时，S 趋近于 0，系统的运动速度很小。

式（4.5.1）可根据分数阶微分算子的性质写成以下格式

$$\dot{S} = D^{1-\alpha}(-\varepsilon \mathrm{sgn}(S) - kS) \qquad (4.5.2)$$

从式（4.5.2）可以看出，分数阶指数趋近律保留了整数阶所具有的一切特性，另外，与传统由微分方程构成的趋近律不同，该趋近律增加了一个微分阶次 α，通过调解系数 k 以及微分阶次 α 可以改变系统状态到达滑模面时的速度以及 S 的值，增强其对系统运动状态的控制能力。根据滑模控制的三大基本性质，趋近律的设计必须使系统满足存在性、达到性和稳定性要求。

分数阶滑模控制律除了具有传统滑模控制律的一般形式外，还有如下形式的控

制律：

（1）常值切换控制

$$u = u_0 \operatorname{sgn}(D^\alpha(S(x,t))) \tag{4.5.3}$$

（2）函数切换控制

$$u = u_{eq} + u_0 \operatorname{sgn}(D^\alpha(S(x,t))) \tag{4.5.4}$$

2. 分数阶滑模控制设计

分数阶滑模控制的设计过程包括滑模面设计以及控制律设计两个步骤，设计基本思路为[70]：

（1）先根据控制对象的数学模型得到基于误差 e 的整数阶滑模面表达式；

（2）在整数阶滑模面的基础上添加分数阶误差项 $\lambda D^\alpha e$，其中 λ 为分数阶误差项的系数，可根据系统模型确定数值，α 为分数阶的阶数，满足 $0 < \alpha < 1$；

（3）最后根据系统要求确定所需参数。

以一般机械系统为例，设计一个分数阶滑模控制器。考虑如下的被控对象

$$J\ddot{\theta}(t) = u(t) + d(t) \tag{4.5.5}$$

式中：J 为转动惯量；$\theta(t)$ 为角度；$u(t)$ 是控制输入；$d(t)$ 是外加扰动，$|d(t) \leqslant D|$。

跟踪误差及其导数为

$$e(t) = \theta(t) - \theta_d(t) \tag{4.5.6}$$

$$\dot{e}(t) = \dot{\theta}(t) - \dot{\theta}_d(t) \tag{4.5.7}$$

式中：$\theta_d(t)$ 为理想的角度信号。

设计分数阶滑模面和控制律如下

$$S(t) = a_2 e(t) + D^{\alpha+1}e(t), \ 0 < \alpha < 1 \tag{4.5.8}$$

$$u(t) = J\{\ddot{\theta}_d - D^{-\alpha}[a_2\dot{e} + k_3 S + k_4 \operatorname{sgn}(S)]\} \tag{4.5.9}$$

针对式（4.5.5）所述机械系统，选取如式（4.5.8）的分数阶滑模面，在式（4.5.9）所述分数阶控制律的作用下，系统是渐近稳定的。

选取 Lyapunov 函数为

$$V(t) = \frac{1}{2}S^2 \tag{4.5.10}$$

通过对式（4.5.10）求导，并把式（4.5.12）和式（4.5.13）代入式（4.5.15）可以得到

$$\dot{S}(t) = a_1\dot{e}(t) + \ddot{e}(t) = a_1\dot{e}(t) + \ddot{\theta}(t) - \ddot{\theta}_d(t)$$
$$= a_1\dot{e}(t) + [u + d(t)]/J - \ddot{\theta}_d(t) \tag{4.5.11}$$

将控制律的表达式（4.5.9）代入式（4.5.11），可以得到

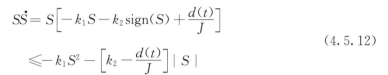

$$SS\dot{} = S\left[-k_1 S - k_2 \text{sign}(S) + \frac{d(t)}{J}\right]$$

$$\leqslant -k_1 S^2 - \left[k_2 - \frac{d(t)}{J}\right]\mid S\mid$$

(4.5.12)

根据 Lyapunov 稳定性定理可知，只要选择合适的参数确保 $k_4 > D/J$，系统就能够在有限时间内到达滑模面。当系统状态进入滑模面后，子系统是简单的分数阶线性系统，利用分数阶稳定性便能判定子系统的稳定性。

3. 分数阶滑模控制特性

（1）增强鲁棒性。分数阶微分运算是在分数阶积分运算的基础上建立的。在分数阶微积分运算过程中，通过加权的形式将所求函数的全部历史信息进行处理，具有全局性，因此含有分数阶微积分的控制器对系统具有一定的鲁棒性。在传统滑模控制中引入分数阶微积分算子，能够提高系统的控制性能，使得分数阶滑模具有分数阶微积分和传统滑模控制的双重优点。

（2）减弱系统抖振。在对分数阶滑模趋近律的介绍中已提到，通过调解系数 k 以及微分阶次 α 可以改变系统状态到达滑模面时的速度以及 $\dot{S}$ 的值，以免引起较大的冲击，减少系统的抖振。分数阶滑模减弱系统滑模运动抖振的具体过程如图 4.5.1 所示。

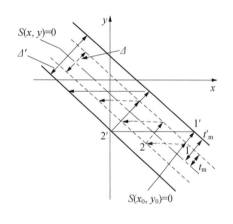

图 4.5.1　分数阶滑模收敛特性图

由图 4.5.1 可知，假设系统的状态在趋近律的作用下到达滑模运动的初始状态为 $S(x_0, y_0)$，理想情况将在控制律的作用下沿着滑模面 $S(x, y) = 0$ 完成系统的滑模运动，但由于实际执行过程中时间上的延迟响应和空间上的滞后，使得实际的滑模运动经过时间 $t_m(t_m')$ 才能跟随理想的滑模运动。也就是说，在分数阶滑模面上的运动是以 $t^{-\alpha}$ 的速度从状态 1 到状态 2 再到其他状态，使得整个系统的运动都是在 Δ 区域内往复地抖振。同理，在整数阶滑模面上的运动是以 e^{-kt} 的速度从状态 $1'$ 到状态 $2'$ 再到其他状态，使得整个系统的运动是在 Δ' 区域内往复抖振。根据上述收敛速度的分析可知：$\Delta' > \Delta$，即由分数阶滑模面构成的滑模运动使得系统产生的抖振较小，能够使得系统取得较高的控制精度。

（3）提高系统的控制性能。根据分数阶微积分的基本理论，分数阶控制系统可以利用分数阶微分算子减缓系统的变化状态，在滑模面或者滑模控制律中引入分数阶微积分算子，因为分数阶微积分算子的记忆性和遗传性，能够对系统的控制行为进行一定程度上的预测，减少系统在趋近阶段控制行为的切换概率，从而增强控制系统的连续性，使系统的状态变化更加平滑，能获得比传统控制器更优的动态性能和控制效率。

4.5.2 控制器设计

前面已经分析了分数阶滑模控制器的原理和性能，并给出了适用于分数阶系统的趋近律形式，证明其渐近稳定性。本小节将具体针对并网光伏逆变器的非线性系统，设计 POFO‐SMC。该控制器主要有三个设计阶段，首先，设计一个 SMSPO 对光伏逆变器的非线性、参数不确定性、未建模动态和外部扰动等影响进行实时估计；然后，设计 FOSMC 对扰动估计进行完全补偿，从而实现全局一致的控制性能，并显著提高系统的鲁棒性。最后，进行整体的 POFO‐SMC 设计，并将其应用于光伏逆变器中，得到光伏逆变器 POFO‐SMC。其中，本节设计的 SMSPO 与第 2 章 2.2 节设计的相同，见式（2.2.1）～式（2.2.9）。

考虑一个标准 n 阶非线性系统

$$\begin{cases} \dot{x} = \boldsymbol{A}x + \boldsymbol{B}(a(x) + b(x)u + d(t)) \\ y = x_1 \end{cases} \tag{4.5.13}$$

设计该系统的分数阶比例—微分（PD^α）滑动平面，如下

$$\hat{S}_{\mathrm{FO}} = \lambda_i(\hat{x_1} - y_\mathrm{d}) + D^\alpha(\hat{x_1} - y_\mathrm{d}) \tag{4.5.14}$$

式中：正常数 λ_i 表示 PD^α 滑动平面增益。在此，分数阶微分采用 Oustaloup 进行近似化来实现。

至此，式（4.5.18）所述控制系统的 POFO‐SMC 设计如下

$$u = \frac{1}{b_0}\big[y_\mathrm{d}^{(n)} - \hat{\psi}(\bullet) - \zeta\hat{S}_{\mathrm{FO}} - \varphi\tanh(\hat{S}_{\mathrm{FO}},\epsilon_\mathrm{c})\big] \tag{4.5.15}$$

式中：常数滑模控制增益 $\zeta(\zeta>0)$ 和 $\varphi(\varphi>0)$ 确保 PD^α 滑动平面 $\hat{S}_{\mathrm{FO}}$ 收敛。引入双曲正切函数[57]

$$\tanh(\hat{S}_{\mathrm{FO}},\epsilon_\mathrm{c}) = \frac{\mathrm{e}^{\frac{\hat{s}_{\mathrm{FO}}}{\epsilon_\mathrm{c}}} - \mathrm{e}^{-\frac{\hat{s}_{\mathrm{FO}}}{\epsilon_\mathrm{c}}}}{\mathrm{e}^{\frac{\hat{s}_{\mathrm{FO}}}{\epsilon_\mathrm{c}}} + \mathrm{e}^{-\frac{\hat{s}_{\mathrm{FO}}}{\epsilon_\mathrm{c}}}} \tag{4.5.16}$$

来代替 $\mathrm{sgn}(\hat{S}_{\mathrm{FO}},\epsilon_\mathrm{c})$，其中，$\epsilon_\mathrm{c}$ 为控制器的层宽系数，以避免控制率的不连续性并大幅减少控制器的抖振。

对于光伏系统分别定义状态变量 $\boldsymbol{x}=(x_1,x_2,x_3)^\mathrm{T}=(i_\mathrm{d},i_\mathrm{q},U_\mathrm{dc})^\mathrm{T}$，系统输出 $\boldsymbol{y}=(y_1,y_2)^\mathrm{T}=(i_\mathrm{q},U_\mathrm{dc})^\mathrm{T}$，控制输入 $\boldsymbol{u}=(u_1,u_2)^\mathrm{T}=(v_\mathrm{d},v_\mathrm{q})^\mathrm{T}$，光伏逆变器的状态方程为

$$\dot{x} = \boldsymbol{f}(x) + \boldsymbol{g}(x)\boldsymbol{u} \tag{4.5.17}$$

其中

$$\boldsymbol{f}(x) = \begin{pmatrix} f_1 \\ f_2 \\ f_3 \end{pmatrix} = \begin{bmatrix} -\dfrac{R}{L}x_1 - \omega x_2 - \dfrac{e_d}{L} \\ -\dfrac{R}{L}x_2 + \omega x_1 - \dfrac{e_q}{L} \\ \dfrac{I_{pv}}{C} - \dfrac{e_d x_1 + e_q x_2}{C x_3} \end{bmatrix}; \quad \boldsymbol{g}(x) = \begin{bmatrix} \dfrac{1}{L} & 0 \\ 0 & \dfrac{1}{L} \\ 0 & 0 \end{bmatrix} \tag{4.5.18}$$

对系统输出 $\boldsymbol{y}$ 求导直至控制输入 $\boldsymbol{u}$ 显式出现，可得

$$\dot{y}_1 = -\frac{R}{L}i_q + \omega i_d - \frac{e_q}{L} + \frac{u_2}{L} \tag{4.5.19}$$

$$\ddot{y}_2 = \frac{\dot{I}_{pv}}{C} - \frac{e_d\left(-\dfrac{R}{L}i_d - \omega i_q - \dfrac{e_d}{L}\right) + e_q\left(-\dfrac{R}{L}i_q + \omega i_d - \dfrac{e_q}{L}\right)}{CU_{dc}}$$
$$- \frac{(e_d i_d + e_q i_q)}{C^2 U_{dc}^2}I_{pv} + \frac{(e_d i_d + e_q i_q)^2}{C^2 U_{dc}^3} - \frac{e_d}{LCU_{dc}}u_1 - \frac{e_q}{LCU_{dc}}u_2 \tag{4.5.20}$$

式（4.5.19）和式（4.5.20）可由如下矩阵表示

$$\begin{bmatrix} \dot{y}_1 \\ \ddot{y}_2 \end{bmatrix} = \begin{bmatrix} h_1(x) \\ h_2(x) \end{bmatrix} + \boldsymbol{B}(x)\begin{bmatrix} u_1 \\ u_2 \end{bmatrix} \tag{4.5.21}$$

其中

$$h_1(x) = -\frac{R}{L}i_q + \omega i_d - \frac{e_q}{L} \tag{4.5.22}$$

$$h_2(x) = \frac{\dot{I}_{pv}}{C} - \frac{e_d\left(-\dfrac{R}{L}i_d - \omega i_q - \dfrac{e_d}{L}\right) + e_q\left(-\dfrac{R}{L}i_q + \omega i_d - \dfrac{e_q}{L}\right)}{CU_{dc}}$$
$$- \frac{(e_d i_d + e_q i_q)}{C^2 U_{dc}^2}I_{pv} + \frac{(e_d i_d + e_q i_q)^2}{C^2 U_{dc}^3} \tag{4.5.23}$$

$$\boldsymbol{B}(x) = \begin{bmatrix} 0 & \dfrac{1}{L} \\ -\dfrac{e_d}{LCU_{dc}} & -\dfrac{e_q}{LCU_{dc}} \end{bmatrix} \tag{4.5.24}$$

控制增益矩阵 $\boldsymbol{B}(x)$ 的逆矩阵计算式为

$$\boldsymbol{B}^{-1}(x) = \begin{bmatrix} -\dfrac{Le_q}{e_d} & -\dfrac{LCU_{dc}}{e_d} \\ L & 0 \end{bmatrix} \tag{4.5.25}$$

为确保式（4.5.21）所述输入—输出微分方程满足线性关系，要求控制增益矩阵 $\boldsymbol{B}(x)$ 必须在整个运行范围内是可逆的，即

$$\det[\boldsymbol{B}(x)] = \frac{e_{\mathrm{d}}}{L^2 C U_{\mathrm{dc}}} \neq 0 \tag{4.5.26}$$

假设系统所有非线性和参数均未知，定义 $\psi_1(\bullet)$ 和 $\psi_2(\bullet)$ 为式（4.5.21）所述系统的扰动来表征函数 $h_1(x)$、$h_2(x)$ 和 $B(x)$ 中所有非线性和不确定性，如下

$$\begin{bmatrix} \psi_1(\bullet) \\ \psi_2(\bullet) \end{bmatrix} = \begin{bmatrix} h_1(x) \\ h_2(x) \end{bmatrix} + \begin{bmatrix} \boldsymbol{B}(x) - \boldsymbol{B}_0 \end{bmatrix} \begin{bmatrix} u_1 \\ u_2 \end{bmatrix} \tag{4.5.27}$$

式中：常控制增益矩阵 $\boldsymbol{B}_0$ 为

$$\boldsymbol{B}_0 = \begin{bmatrix} b_{11} & 0 \\ 0 & b_{22} \end{bmatrix} \tag{4.5.28}$$

其中，常数 b_{11} 和 b_{22} 是控制增益。由于矩阵 $\boldsymbol{B}_0$ 为对角线形式，因此 q 轴电流和直流侧电压可实现完全解耦控制。值得注意的是，矩阵 $\boldsymbol{B}_0$ 这种形式也使 q 轴电流观测器与直流侧电压观测器完全解耦。

定义跟踪误差 $e = [e_1, e_2]^{\mathrm{T}} = [i_{\mathrm{q}} - i_{\mathrm{q}}^*, U_{\mathrm{dc}} - U_{\mathrm{dc}}^*]^{\mathrm{T}}$，对跟踪误差 e 求导直至控制输入 u 显式出现，即

$$\begin{bmatrix} \dot{e}_1 \\ \ddot{e}_2 \end{bmatrix} = \begin{bmatrix} \psi_1(\bullet) \\ \psi_2(\bullet) \end{bmatrix} + \boldsymbol{B}_0 \begin{bmatrix} u_1 \\ u_2 \end{bmatrix} - \begin{bmatrix} \dot{i}_{\mathrm{q}}^* \\ \ddot{U}_{\mathrm{dc}}^* \end{bmatrix} \tag{4.5.29}$$

采用二阶 SMSPO 估计扰动 $\psi_1(\bullet)$，有

$$\begin{cases} \dot{\hat{i}}_{\mathrm{q}} = \hat{\psi}_1(\bullet) + \alpha_{11} \tilde{i}_{\mathrm{q}} + k_{11} \mathrm{sat}(\tilde{i}_{\mathrm{q}}, \boldsymbol{\epsilon}_0) + b_{11} u_1 \\ \dot{\hat{\psi}}_1(\bullet) = \alpha_{12} \tilde{i}_{\mathrm{q}} + k_{12} \mathrm{sat}(\tilde{i}_{\mathrm{q}}, \boldsymbol{\epsilon}_0) \end{cases} \tag{4.5.30}$$

式中：k_{11}、k_{12}、α_{11} 和 α_{12} 是观测器的增益，均为正常数。

同时，采用三阶 SMSPO 估计扰动 $\psi_2(\bullet)$ 有

$$\begin{cases} \dot{\hat{U}}_{\mathrm{dc}} = \hat{\dot{U}}_{\mathrm{dc}} + \alpha_{21} \tilde{U}_{\mathrm{dc}} + k_{21} \mathrm{sat}(\tilde{U}_{\mathrm{dc}}, \boldsymbol{\epsilon}_0) \\ \dot{\hat{\dot{U}}}_{\mathrm{dc}} = \hat{\psi}_2(\bullet) + \alpha_{22} \tilde{U}_{\mathrm{dc}} + k_{22} \mathrm{sat}(\tilde{U}_{\mathrm{dc}}, \boldsymbol{\epsilon}_0) + b_{22} u_2 \\ \dot{\hat{\psi}}_2(\bullet) = \alpha_{23} \tilde{U}_{\mathrm{dc}} + k_{23} \mathrm{sat}(\tilde{U}_{\mathrm{dc}}, \boldsymbol{\epsilon}_0) \end{cases} \tag{4.5.31}$$

式中：观测器增益 k_{21}、k_{22}、k_{23}、α_{21}、α_{22} 和 α_{23} 均为正常数。

设计跟踪误差 [式（4.5.29）] 的 PD^α 滑动平面如下

$$\begin{bmatrix} \hat{S}_{\mathrm{FO1}} \\ \hat{S}_{\mathrm{FO2}} \end{bmatrix} = \begin{bmatrix} D^{\alpha_1}(\hat{i}_{\mathrm{q}} - i_{\mathrm{q}}^*) + \lambda_{\mathrm{c1}}(\hat{i}_{\mathrm{q}} - i_{\mathrm{q}}^*) \\ D^{\alpha_2}(\hat{U}_{\mathrm{dc}} - U_{\mathrm{dc}}^*) + \lambda_{\mathrm{c1}}(\hat{U}_{\mathrm{dc}} - U_{\mathrm{dc}}^*) \end{bmatrix} \tag{4.5.32}$$

式中：α_1 和 α_2 是分数阶微分阶数；正常数 λ_{c1} 和 λ_{c2} 分别表示 PD^α 滑动平面增益。

最后，式（4.5.13）所述的 POFO-SMC 总体控制结构

$$\begin{bmatrix} u_1 \\ u_2 \end{bmatrix} = \boldsymbol{B}_0^{-1} \begin{bmatrix} i_q^* - \hat{\psi}_1(\bullet) - \zeta_1 \hat{S}_{FO1} - \varphi_1 \tanh(\hat{S}_{FO1}, \boldsymbol{\epsilon}_c) \\ \ddot{U}_{dc}^* - \hat{\psi}_2(\bullet) - \zeta_2 \hat{S}_{FO2} - \varphi_2 \tanh(\hat{S}_{FO2}, \boldsymbol{\epsilon}_c) \end{bmatrix} \tag{4.5.33}$$

式中：选择滑模控制增益 ζ_1、ζ_2、φ_1 和 φ_2 以确保跟踪误差［式（4.5.29）］的收敛性。

对于采用的 VSINC 算法[58]，其迭代收敛判据如下

$$\mid U_N I_N - U_{N-1} I_{N-1} \mid \leqslant \xi \tag{4.5.34}$$

式中：终止阈值 $\xi = 0.01W$。

需要注意的是，传统 PI 控制采用内部电流环来调节电流[59]。本节所提的 POFO-SMC 在其控制框架中并不包含逆变器电流。如果由于故障导致光伏逆变器发生过电流，则需安装额外的过电流保护装置[60]。为实现光伏系统的 MPPT，式（4.5.30）～式（4.5.33）所述 POFO-SMC 的总体控制结构由图 4.5.2 所示。其中，仅需要测量 q 轴电流 i_q 和直流侧电压 U_{dc}。

4.5.3　证明

本小节进行了分数阶滑模控制可达性证明、动态稳定性证明、分数阶滑模面存在条件证明，以验证 POFO-SMC 的有效性。另外，本节所提算法中应用的 SMSPO 是将 ESO 进行相应改动得到的，用于处理非匹配扰动，以获得良好的鲁棒性，其扰动及其一阶导数的有界性在此一并证明。

1. 可达性证明

实际分数阶滑动平面表达式为

$$S_{FO} \sum_{i=1}^{n} \left[\rho_i(x_i - y_d^{(i-1)}) + D^\alpha(x_i - y_d^{(i-1)}) \right] \tag{4.5.35}$$

因此，滑动平面的误差估计为

$$\widetilde{S}_{FO} = S_{FO} - \hat{S}_{FO} = \sum_{i=1}^{n} (\rho_i \widetilde{x}_i + D^\alpha \widetilde{x}_i) \tag{4.5.36}$$

构造 Lyapunov 函数

$$V = \frac{1}{2} \hat{S}_{FO}^2 \tag{4.5.37}$$

对于所有 $\widetilde{x} \not\subseteq \hat{S}_{FO}$，$\dot{V} < 0$，这说明该滑动平面具有可吸引力。也就是说，控制率 u 的设计需在一个规定的切换流形 $\mid \hat{S}_{FO} \mid < \boldsymbol{\epsilon}_c$ 外部使得 $\hat{S}_{FO} \dot{\hat{S}}_{FO} < 0$。

对式（4.5.13）求导，使用等价动态误差估计滑动模型，有

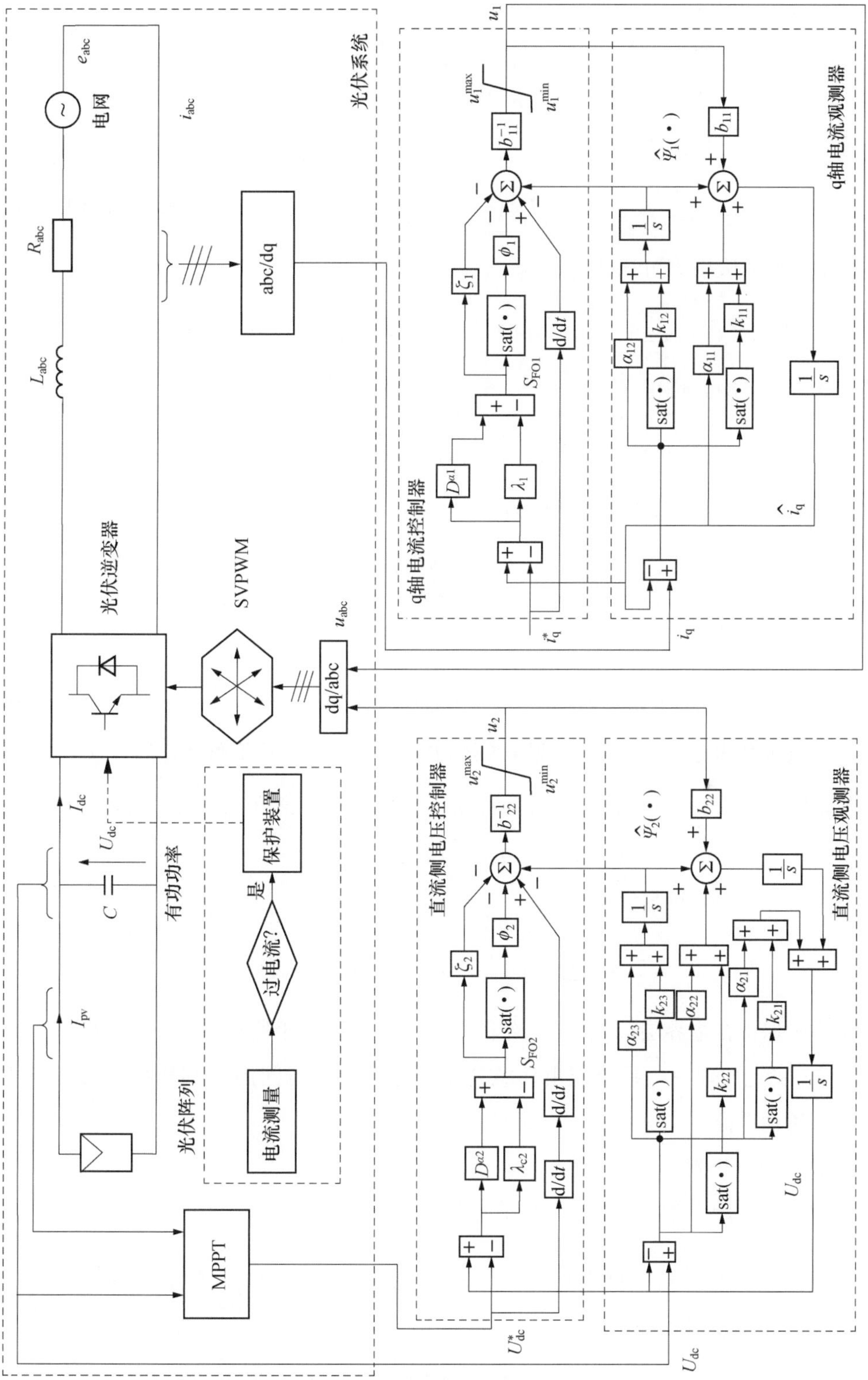

图 4.5.2　实现 MPPT 的并网光伏逆变器的整体 POFO - SMC 结构图

$$\dot{\hat{S}}_{FO} = \hat{\varphi}(\bullet) + b_0 u + \frac{k_n}{k_1}\tilde{x}_2 - y_d^{(n)} + \sum_{i=1}^{n-1}\left[\rho_i\left(\hat{x}_{i+1} \quad y_d^{(i)} + \frac{k_i}{k_1}\tilde{x}_2\right)\right.$$
$$\left. + D^\alpha\left(\hat{x}_{i+1} - y_d^{(i)} + \frac{k_i}{k_1}\tilde{x}_2\right)\right] \tag{4.5.38}$$

将式（4.5.12）代入式（4.5.38），可得

$$\dot{\hat{S}}_{FO} = \sum_{i=1}^{n-1}\left[\rho_i\frac{k_i}{k_1}\tilde{x}_2 + D^\alpha\left(\frac{k_i}{k_1}\tilde{x}_2\right)\right] - \zeta\hat{S}_{FO} - \varphi\tanh(\hat{S}_{FO},\epsilon_c) \tag{4.5.39}$$

因此，滑动平面的吸引力可描述为

$$\zeta\hat{S}_{FO} + \varphi > \sum_{i=1}^{n-1}\left[\rho_i\frac{k_i}{k_1}\mid\tilde{x}_2\mid + D^\alpha\left(\frac{k_i}{k_1}\mid\tilde{x}_2\mid\right)\right], i = 0,1,\cdots,n-1 \tag{4.5.40}$$

基于式（4.5.8），可得

$$\zeta\hat{S}_{FO} + \varphi > k_1\sum_{i=1}^{n-1}\left(\rho_i\frac{k_i}{k_1}\right) + \sum_{i=1}^{n-1}D^\alpha\left(\frac{k_i}{k_1}\mid\tilde{x}_2\mid\right) \tag{4.5.41}$$

要满足式（4.5.41），控制增益 φ 条件为

$$\varphi > k_1\sum_{i=1}^{n-1}\left(\rho_i\frac{k_i}{k_1}\right) + \sum_{i=1}^{n-1}D^\alpha\left(\frac{k_i}{k_1}\mid\tilde{x}_2\mid\right) \tag{4.5.42}$$

使用式（4.5.11），可得

$$\varphi > k_1\sum_{i=1}^{n-1}(\rho_i C_n^{i-1}\lambda_k^{i-1}) + \sum_{i=1}^{n-1}D^\alpha(C_n^{i-1}\lambda_k^{i-1}\mid\tilde{x}_2\mid) \tag{4.5.43}$$

基于分数阶微积分理论[64]，分数阶微分 $D^\alpha(\mid\tilde{x}_2\mid)$ 进行等价整数化后，$\tilde{x}_2$ 的各整数阶导数均可写成 $\tilde{x}_2$，$\tilde{x}_j(j=2,3,\cdots,n)$，与 $\dot{\tilde{\psi}}(\bullet)$ 之和的形式，可得

$$D^\alpha(\mid\tilde{x}_2\mid) \leqslant f(\delta,\lambda_k,\gamma_2) = \zeta \tag{4.5.44}$$

因此，条件（4.5.44）可最终等价于

$$\varphi > k_1\sum_{i=1}^{n-1}(\rho_i C_n^{i-1}\lambda_k^{i-1}) + \sum_{i=1}^{n-1}(C_n^{i-1}\lambda_k^{i-1}\zeta) \tag{4.5.45}$$

该条件确保了在边界层 $\mid\hat{S}_{FO}\mid\leqslant\epsilon_c$ 存在滑动平面。且对于所有 $\tilde{x}\nsubseteq\hat{S}_{FO}$，$\dot{U}<0$。根据 Lyapunov 稳定性理论，系统能由任意初始状态在有限时间内达到切换流形。至此，滑模控制可达性得证。

2. 动态稳定性证明

对滑动平面估计误差［式（4.5.36）］求导可得

$$\dot{\tilde{S}}_{FO} = \sum_{i=1}^{n-1}[\rho_i\tilde{x}_{i+1} + D^\alpha(\tilde{x}_{i+1})] - \sum_{i=1}^{n-1}\left[\rho_i\frac{k_i}{k_1}\tilde{x}_2 + D^\alpha\left(\rho_i\frac{k_i}{k_1}\tilde{x}_2\right)\right] + \tilde{\psi}(\bullet) \tag{4.5.46}$$

由于 $\hat{S}_{FO}=S_{FO}-\tilde{S}_{FO}$，由式（4.5.39）得实际的滑动模态平面动态为

$$\dot{S}_{\mathrm{Fo}}+\left(\zeta+\frac{\varphi}{\epsilon_{\mathrm{c}}}\right)S_{\mathrm{FO}}=\left(\zeta+\frac{\varphi}{\epsilon_{\mathrm{c}}}\right)\sum_{i=1}^{n}\left[\rho_i\widetilde{x}_i+D^{\alpha}(\widetilde{x}_i)\right]$$

$$\sum_{i=1}^{n}\left[\rho_i\widetilde{x}_i+D^{\alpha}(\widetilde{x}_i)\right]+\sum_{i=1}^{n-1}\left[\rho_i\widetilde{x}_{i+1}+D^{\alpha}(\widetilde{x}_{i+1})\right]+\widetilde{\psi}(\bullet) \qquad(4.5.47)$$

估计滑动平面的边界可通过下式计算

$$|\hat{S}_{\mathrm{FO}}|\leqslant\epsilon_{\mathrm{c}}\Rightarrow|S_{\mathrm{FO}}-\widetilde{S}_{\mathrm{FO}}|\leqslant\epsilon_{\mathrm{c}}\Rightarrow|S_{\mathrm{FO}}|\leqslant\hat{S}_{\mathrm{FO}}+\epsilon_{\mathrm{c}}\Rightarrow$$

$$|S_{\mathrm{FO}}|\leqslant\left|\sum_{i=1}^{n}\left[\rho_i\widetilde{x}_i+D^{\alpha}(\widetilde{x}_i)\right]\right|+\epsilon_{\mathrm{c}}\leqslant\frac{\delta}{\lambda_k^{n+1}}\sum_{i=2}^{n}\rho_i\lambda_k^{i}+\epsilon_{\mathrm{c}},\forall t>t_1 \qquad(4.5.48)$$

基于边界（4.5.45），结合多项式增益 $\rho_i=C_n^{i-1}\lambda_{\mathrm{c}}^{i-1}$，式中 $i=1,\cdots,n-1$。状态跟踪误差满足以下关系

$$|x^{(i)}(t)-x_{\mathrm{d}}^{(i)}(t)|\leqslant(2\lambda_{\mathrm{c}})^{i}\frac{\epsilon_{\mathrm{c}}}{\lambda_{\mathrm{c}}^{n}}+\frac{\delta}{\lambda_k^{n+1}}\sum_{j=2}^{n}\left(\frac{\lambda_k}{\lambda_{\mathrm{c}}}\right)^{j}C_{n-1}^{j},\ i=0,1,\cdots,n-1$$

$$(4.5.49)$$

至此，滑模控制动态稳定性得证。

3. 滑模面存在条件证明

当系统进入滑动模态时，系统状态满足

$$D^{\alpha}(\hat{x}_1-y_{\mathrm{d}})=-\lambda_i(\hat{x}_1-y_{\mathrm{d}}) \qquad(4.5.50)$$

根据分数阶系统稳定性理论[61]，只要 $\lambda_i>0$，就有 $\arg(-\lambda_i)=\pi>\pi\alpha/2(0<\alpha<1)$，从而系统是渐近稳定的，即满足滑模面存在条件。至此，分数阶滑模面的存在性得证。

4. 扰动及其一阶导数的有界性证明

根据文献［62］，关于扰动及其一阶导数的有界性证明如下。

首先，将控制律［式（4.5.14）］代入扰动［式（4.5.27）］中，可得到扰动与其一阶导数如下

$$\psi=\frac{b_0}{b(x)}[a(x)+d(t)]+\frac{b(x)-b_0}{b(x)}[\widetilde{x}_{n+1}-\zeta\hat{S}_{\mathrm{FO}}-\varphi\tanh(\hat{S}_{\mathrm{FO}},\epsilon_{\mathrm{c}})] \qquad(4.5.51)$$

$$\dot{\psi}=\dot{a}(x)+\dot{d}(t)+\dot{b}(x)u+\frac{b(x)-b_0}{b_0}\left[-\dot{\psi}-\zeta\dot{S}_{\mathrm{FO}}-\varphi\frac{\mathrm{d}}{\mathrm{d}t}\tanh(\hat{S}_{\mathrm{FO}},\epsilon_{\mathrm{c}})\right]$$

$$=\dot{a}(x)+\dot{d}(t)+\dot{b}(x)u+\frac{b(x)-b_0}{b_0}\left[-\frac{k_{n+1}}{k_1}\widetilde{x}_2-\zeta\dot{\hat{S}}_{\mathrm{FO}}-\varphi\frac{\mathrm{d}}{\mathrm{d}t}\tanh(\hat{S}_{\mathrm{FO}},\epsilon_{\mathrm{c}})\right]$$

$$(4.5.52)$$

基于第 2 章 2.2 节中的假设 2.2.1，观测器收敛性证明以及上述证明中 1、2、3 部分的系统稳定性证明，可得

$$|\psi|\leqslant\frac{1}{1-\theta}[|a(x)|+|d(t)|]+\frac{\theta}{1-\theta}[|\widetilde{x}_{n+1}|+\zeta|\hat{S}_{\mathrm{FO}}|+\varphi] \qquad(4.5.53)$$

$$\mid \dot{\psi} \mid \leqslant \mid \dot{a}(x) \mid + \mid \dot{d}(t) \mid + \mid \dot{b}(x) \mid u \mid + \theta \left[\mid \dot{\hat{x}}_{n+1} \mid + \zeta \mid \dot{\hat{S}}_{FO} \mid + \varphi \left| \frac{d}{dt} \tanh(\hat{S}_{FO}, \epsilon_c) \right| \right]$$

$$(4.5.54)$$

考虑扰动为平滑函数，基于上述分析，可知扰动及其一阶导数均有界，即假设 2.2.2 成立。

4.5.4　算例分析

本小节将所提 POFO-SMC 与 PI 控制[59]、FLC[16]、SMC[17] 和 FOSMC[58] 进行对比。POFO-SMC 主要包括两类设计参数，即观测器参数与控制器参数。基于文献 [57]、文献 [63] ～ [65]，对于观测器参数而言，观测器的根放置于 5～40 之间可获得令人满意的扰动观测性能。较小的根将导致较慢的扰动估计收敛速率与较小的控制成本。因此，式（4.5.30）描述的二阶 SMSPO 的根可选取为 $\lambda_{a_1} = 20$ 和 $\lambda_{k_1} = 20$；式（4.5.31）描述的三阶 SMSPO 的根可选取为 $\lambda_{a_2} = 10$ 和 $\lambda_{k_1} = 10$。对于控制器参数而言，较大的控制增益 ζ_1、ζ_2、φ_1、φ_2、λ_{c1}、λ_{c2} 会导致较小的跟踪误差与较大的控制成本；同时较大的分数阶数 α_1 和 α_2 会导致较快的控制误差收敛速度与较大的控制成本；参数 b_{11} 与 b_{22} 则同时影响观测器与控制器性能，具体说来其较大的值会导致较慢的观测器与控制器收敛速率与较小的控制成本。最后，层宽厚度 ϵ_c 与 ϵ_0 越大，抖振抑制越明显，但过大的层宽厚度会影响软开关滑模观测器响应速度，降低系统鲁棒性。因此，为获得上述矛盾的合理平衡，POFO-SMC 的参数可根据试错法得到，最终结果见表 4.5.1。另外，光伏系统参数见表 4.5.1。选择光照强度 $1kW/m^2$ 和温度 25℃ 作为系统运行额定值。

表 4.5.1　　　　　　　　　　　　**POFO-SMC 参数**

	$b_{11} = -1000$	$\zeta_1 = 8$	$\varphi_1 = 5$
q 轴电流控制参数	$\alpha_{11} = 40$	$\alpha_{12} = 400$	$k_{11} = 15$
	$k_{11} = 600$	$\alpha_1 = 0.6$	$\lambda_{c1} = 20$
	$b_{22} = -2250$	$\zeta_2 = 12$	$\varphi_2 = 10$
	$\alpha_{21} = 30$	$\alpha_{22} = 300$	$\alpha_{23} = 1000$
直流侧电压控制参数	$k_{21} = 20$	$k_{22} = 600$	
	$k_{23} = 6000$		
	$\alpha_2 = 0.6$	$\lambda_{c2} = 15$	$\epsilon_0 = 0.1$
	$\epsilon_c = 0.1$		

1. 光照强度变化

首先研究光照强度变化，在 $t=0.2\mathrm{s}$ 时其从 $1\mathrm{kW/m^2}$ 减小到 $0.5\mathrm{kW/m^2}$，并且在 $t=1.2\mathrm{s}$ 时恢复到 $1\mathrm{kW/m^2}$，在整个时间段内温度保持于 $25℃$。q 轴电流 I_q 在 $t=0.2\mathrm{s}$ 时增加到 $50\mathrm{A}$，在 $t=1.2\mathrm{s}$ 时减小到 $-30\mathrm{A}$，最后在 $t=1.7\mathrm{s}$ 时恢复到 $0\mathrm{A}$。各控制器在光照强度变化时的光伏系统响应性能如图 4.5.3 所示。

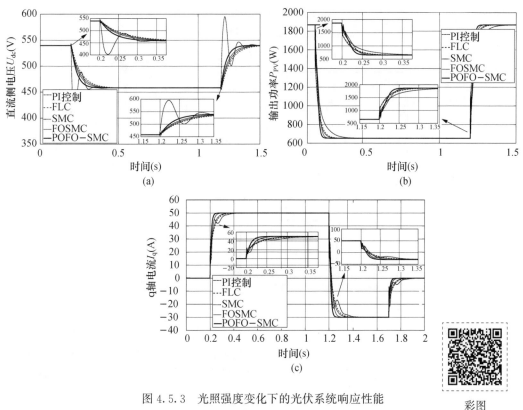

图 4.5.3　光照强度变化下的光伏系统响应性能
(a) 直流电压；(b) 输出功率；(c) q 轴电流

彩图

图 4.5.3（a）～（c）所示分别是五种控制器在光照强度变化时直流侧电压、输出功率、q 轴电流的响应性能。由图 4.5.3（a）可知，PI 控制会出现显著的直流电压振荡，相比之下，POFO-SMC 无振荡出现，与其他控制器相比，POFO-SMC 可最快速率地达到新的稳态，有效地跟踪直流侧电压。由图 4.5.3（b）可知，POFO-SMC 能在环境变化的过程中始终跟随最大功率点，能在极短时间内完成跟踪并保持稳定，具有较好的响应速度和跟踪精度，而其他控制器对环境变化的反应能力稍弱，跟踪速度均次于 POFO-SMC。由图 4.5.3（c）可知，光照强度变化时，在 POFO-SMC 系统的 q 轴电流迅速跟踪，稳态期间也保持稳定，而 PI 控制在稳态时也呈现出了一定的扰动。由此可见，在光照强度变化时，POFO-SMC 表现出良好的抗干扰能力与稳

定性。

2. 电网电压跌落

为测试 POFO-SMC 在电网发生故障后恢复光伏系统的能力，在 $t=0.2\sim0.35\mathrm{s}$ 期间电网电压从额定值跌落至 $0.4\mathrm{p.u.}$。各控制器在电网电压跌落时的光伏系统响应性能如图 4.5.4 所示。

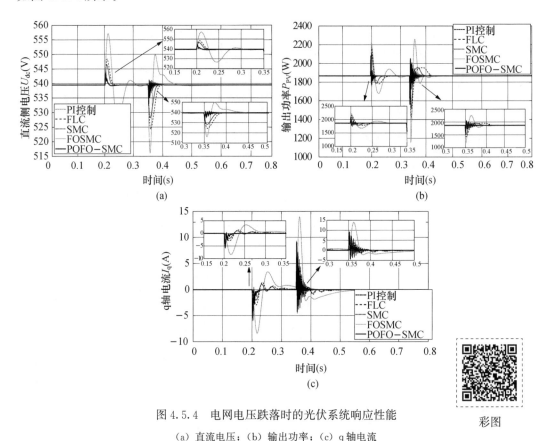

图 4.5.4　电网电压跌落时的光伏系统响应性能

(a) 直流电压；(b) 输出功率；(c) q 轴电流

彩图

图 4.5.4 (a) ～ (c) 所示分别为五种控制器在电网电压跌落时直流侧电压、输出功率、q 轴电流的响应性能。由图 4.5.4 (a) 可知，在系统电网电压发生突变时，POFO-SMC 能有效地跟踪直流侧电压，在 0.2s 时，PI 控制、FLC、SMC、FOSMC 和 POFO-SMC 的直流侧电压最大幅值分别比额定电压高出约 3.34%、1.67%、1.30%、1.02% 和 0.81%。同时，由图 4.5.4 (b) 可得，PI 控制、FLC、SMC、FOSMC 和 POFO-SMC 的输出功率最大幅值分别比额定功率高出约 20.64%、18.49%、17.55%、16.13% 和 14.98%，其 MPPT 性能由于均优于其他控制器。由图 4.5.4 (c) 可知，POFO-SMC 的 q 轴电流波形能很快做出反应，迅速向新的指令信号趋近，在极短时间内完成跟踪并保持稳定。

控制器的系数的选择需要均衡控制系统的抖振、跟踪精度与速度三方面，在追求对抖振的削弱效果时会牺牲控制器的跟踪精度。POFO-SMC 在系统电网电压发生突变初期，为保证良好的控制精度，POFO-SMC 也会产生一定的振荡，但由于分数阶微积分算子和扰动观测器的存在，能最大限度地抑制抖振现象，以最快的速率和最低的超调量抑制功率振荡、直流侧电压和 q 轴电流波动。相比于其他四种控制器具有更快的响应速度、更好的动态性能和稳态跟踪精度。

图 4.5.5 所示为电网电压跌落时 SMPO 和 SMSPO 的扰动估计性能。Ψ_1 表示 SMPO 和 SMSPO 的实际扰动变化情况；$\Psi_{1\text{est}}$ 表示 SMPO 和 SMSPO 分别将原系统一阶状态扩张为二阶和三阶状态后，对各类因素的扰动进行估计后得到的扰动观测值；$\Psi_{1\text{err}}$ 表示观测值与实际值之间的观测误差值。由图 4.5.5 可以发现，SMPO 和 SMSPO 仅经过了 0.22s 便准确跟踪到了实际扰动值，使观测误差达到最佳收敛，说明 SMPO 和 SMSPO 可快速有效地估计电网电压跌落时的扰动，具有良好的扰动估计性能。

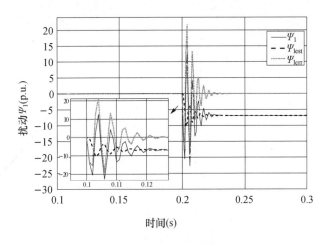

图 4.5.5　电网电压跌落时 SMPO 和 SMSPO 的扰动估计性能

3. 光伏系统参数不确定

为测试 POFO-SMC 对系统参数不确定性的鲁棒性，对电网等效电阻 R 和电网等效电感 L 在其额定值附近 $\pm 20\%$ 范围内变化进行研究。选取电网电压跌落持续 100ms 下有功功率峰值 $|P_e|$ 进行对比。PI 控制、FLC、SMC、FOSMC 和 POFO-SMC 有功功率峰值 $|P|$ 的变化情况如图 4.5.6 所示，PI 控制、FLC、SMC、FOSMC 和 POFO-SMC 有功功率峰值 $|P_e|$ 的变化率分别是 41.2%、73.4%、26.5%、24.7% 和 18.1%。可见，在电网电压持续跌落下，随 R 参数和 L 参数的不断变化，POFO-SMC 对系统仍具有最高鲁棒性。

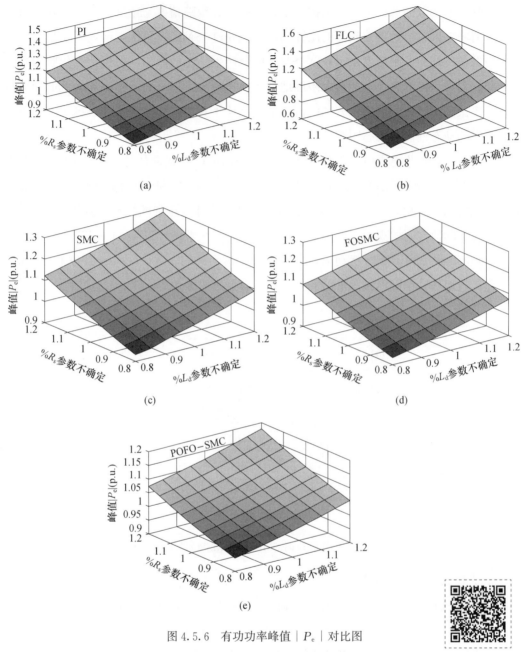

图 4.5.6　有功功率峰值 $|P_e|$ 对比图

（a）PI 控制有功功率峰值 $|P_e|$；（b）FLC 系统有功功率峰值 $|P_e|$；

（c）SMC 系统有功功率峰值 $|P_e|$；（d）FOSMC 系统有功功率峰值 $|P_e|$；

（e）POFO-SMC 系统有功功率峰值 $|P_e|$

彩图

4. 定量分析

表 4.5.2 中罗列了两种算例下各控制器的 IAE（p.u.），选择仿真时间 $T=2.5s$。由表可见，POFO-SMC 在两种算例下均具有最低的 IAE 指数，因此其具有最佳的控制性

能。特别地，在光照强度变化中，其 IAE_{Iq} 仅为 PI 控制、FLC、SMC 和 FOSMC 的 58.62%、61.14%、63.01% 和 76.47%。在电网电压跌落时，其 IAE_{Udc} 仅为 PI 控制、FLC、SMC 和 FOSMC 的 73.49%、77.87%、81.45% 和 87.05%。

表 4.5.2 两种算例下各控制器 IAE 指数（p.u.）

算例	IAE	PI	FLC	SMC	FOSMC	POFO - SMC
光照强度变化	IAE_{Iq}	0.1863	0.1786	0.1733	0.1428	0.1092
	IAE_{Udc}	0.4539	0.4328	0.4198	0.3835	0.3323
电网电压降落	IAE_{Iq}	0.3467	0.3224	0.3047	0.2843	0.2372
	IAE_{Udc}	0.7548	0.7123	0.6810	0.6372	0.5547

最后，研究两种算例下各控制器所需的整体控制成本，即 $\int_0^T (|u_1| + |u_2|) \mathrm{d}t$。表 4.5.3 列出了两种算例下不同控制器所需的总体控制成本（p.u.），从表中可以发现，尽管 POFO - SMC 具有较复杂的结构，但在所有控制器中其仅需要最低的控制成本，这主要得益于其采用扰动实时估计并补偿的机制。

表 4.5.3 两种算例下不同控制器所需的总体控制成本（p.u.）

算例	光照强度变化	电网电压跌落
控制器	总控制成本	
PI	0.547	0.928
FLC	0.524	0.844
SMC	0.617	0.859
POSMC	0.605	0.865
POFO - SMC	0.509	0.821

4.5.5 硬件在环实验

基于 dSpace 进行 HIL 实验，POFO - SMC 的系统框架结构如图 4.5.7 所示，硬件实验平台如图 4.5.8 所示。在此，基于 POFO - SMC 的 q 轴电流和直流侧电压控制器 ［式（4.5.34）～式（4.5.37）］ 放置于 DS1104 平台上，其采样频率为 $f_c = 1\mathrm{kHz}$，光伏系统则放置于 DS1006 平台，其采样频率为 $f_s = 50\mathrm{kHz}$。DS1006 平台通过对光伏系统的实时仿真得到 q 轴电流 I_q 和直流端电压 U_{dc}，随即传输到 DS1104 平台上的 POFO -

SMC，以实现控制输入的实时计算。

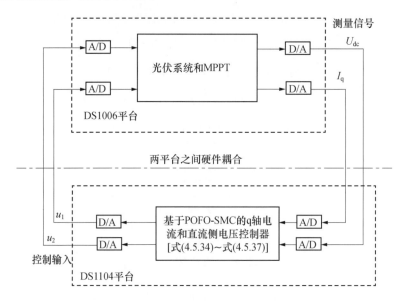

图 4.5.7　POFO‑SMC 的 HIL 系统框架结构

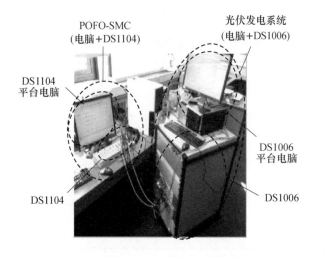

图 4.5.8　POFO‑SMC 的 HIL 硬件实验平台

1. 光照强度变化

如图 4.5.9 所示，在光照强度变化下，仿真和 HIL 实验结果非常接近。

2. 电网电压跌落

在电网电压跌落时的系统响应性能如图 4.5.10 所示。可以观察到，HIL 实验结果和仿真结果十分相似。

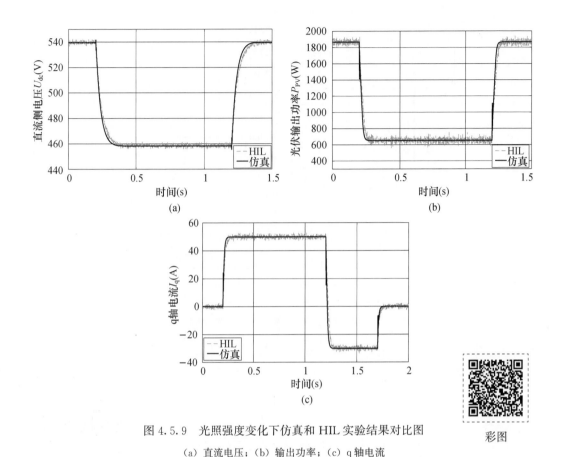

图 4.5.9　光照强度变化下仿真和 HIL 实验结果对比图

(a) 直流电压；(b) 输出功率；(c) q 轴电流

彩图

4.5.6　小结

我们知道，光伏逆变器通常运行寿命为 15～20 年，且其运行过程中经常受到光照强度随机变化、系统发热、外部运行环境温差随机变化巨大等问题，其系统参数很难精确获得，即便是采用厂商使用手册中所提供的系统参数值，如电阻、电感、电容等，其值也是随机时变的，因此光伏系统的参数精确信息在实际中难以得到；此外，光伏逆变器的状态量，如电网侧电流、电网侧电压、直流侧电压等，均需要电压电流表来进行测量，从而增大了运维成本，同时其逆变过程中往往还会带来大量的电流/电压谐波，进而影响状态量的测量精确性[80]。基于上述可发现，光伏逆变器系统长期运行于高度不确定性的环境下，即使可以获得某些已知系统模型信息也需额外的测量仪器。

针对上述问题，本节提出的一种新型 POFO - SMC 策略来实现光伏逆变器 MPPT，根据两个算例下的仿真结果和 HIL 实验结果分析可知，相较于其他利用系统已知信息的非线性控制策略而言，POFO - SMC 将光伏逆变器的非线性、参数不确定性以及未建模

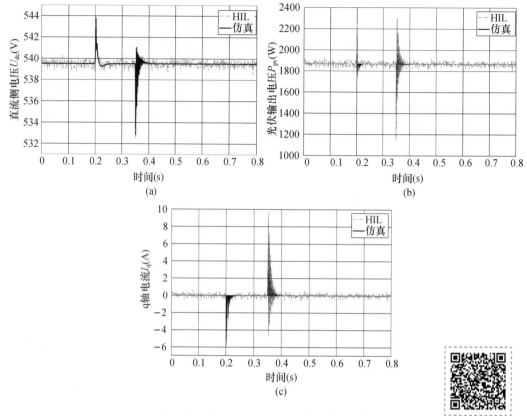

图 4.5.10　电网电压跌落时系统响应性能

（a）直流电压；（b）输出功率；（c）q 轴电流

彩图

　　动态聚合成一个扰动，从将系统模型变为了只有"扰动"和"控制项"的简化模型。虽然简化模型因为忽略了系统已知信息而带来一定的控制保守性，但是可大幅提高光伏逆变器的鲁棒性，同时由于仅需测量直流侧电压与 q 轴交流电流两个状态量，从而显著地减少了测量仪器的成本（包括购买、安装以及长期维护成本）。另外，相较于常规滑模控制而言，POFO - SMC 采用扰动的观测值来取代扰动的最大值，可降低滑模控制的保守性。因此，POFO - SMC 的这种设计对于光伏逆变器而言具有很强的工程实用性。本节主要内容可总结为以下几点：

　　（1）文中所提算法采用分数阶滑模控制与 tanh 函数，在保证跟踪精度的同时，可显著削弱传统滑模控制中的抖振问题。

　　（2）光照强度变化与电网电压跌落两个算例表明，相较于其他对比算法，POFO - SMC 能最快速度地跟踪功率并恢复受扰系统，同时具有最小的控制成本。

　　（3）在电网等效电阻 R 和电网等效电感 L 不确定下，PI 控制、FLC、SMC、FOS-MC 和 POFO - SMC 有功功率峰值 $|P_e|$ 的变化率分别是 41.2%、73.4%、26.5%、

24.7％和18.1％，因此 POFO - SMC 具有最高的鲁棒性。

（4）文中所提算法的扰动观测器收敛性，可达性和滑模动态稳定性均在理论上给出了严格的理论证明。

（5）控制器设计不需要知道光伏系统的精确模型，仅需测量直流侧电压和 q 轴电流，由于对扰动进行了实时估计与完全补偿，其可避免传统 SMC 控制性能过于保守的缺点。

（6）基于 dSpace 的 HIL 实验验证了 POFO - SMC 的硬件实现可行性。

参考文献

［1］ Nicola F，et al. Power electronics and control techniques for maximum energy harvesting in photovoltaic systems ［M］. 杨波，等. 译. 北京：机械工业出版社，2016.

［2］ 吴忠强，谢建平. 带扰动观测器的网侧逆变器高阶终端滑模控制 ［J］. 电机与控制学报，2014，18（2）：96 - 101.

［3］ 赵争鸣，陈剑，孙晓瑛. 太阳能光伏发电最大功率点跟踪技术 ［M］. 北京：电子工业出版社，2012.

［4］ 熊宇，李玉玲，廖鸿飞. 光伏并网电流源逆变器扰动电阻最大功率跟踪策略 ［J］. 电网技术，2014，38（12）：3300 - 3304.

［5］ Alik R，Awang J. Modified perturb and observe（P&O）with checking algorithm under various solar irradiation ［J］. Solar Energy，2017，148：128 - 139.

［6］ Loukriz A，Haddadi M，Messalti S. Simulation and experimental design of a new advanced variable step size Incremental Conductance MPPT algorithm for PV systems ［J］. ISA Transactions，2016，62：30 - 38.

［7］ 杭凤海，杨伟，朱文艳. 光伏系统 MPPT 的扰动观测法分析与改进 ［J］. 电力系统保护与控制，2014，42（9）：110 - 114.

［8］ 周东宝，陈渊睿. 基于改进型变步长电导增量法的最大功率点跟踪策略 ［J］. 电网技术，2015，39（6）：1491 - 1498.

［9］ Daraban S，Petreus D，Morel C. A novel MPPT（maximum power point tracking）algorithm based on a modified genetic algorithm specialized on tracking the global maximum power point in photovoltaic systems affected by partial shading ［J］. Energy，2014，74：374 - 388.

［10］ Sen T，Pragallapati N，Agarwal V，et al. Global maximum power point tracking of PV arrays under partial shading conditions using a modified particle velocity - based PSO technique ［J］. IET Renew Power Gener，2018，12（S）：555 - 564.

［11］ Gandomi A H，Yang X S，Alavi A H. Cuckoo search algorithm：a metaheuristic approach to solve structural optimization problems ［J］. Engineering with computers，2013，29（1）：17 - 35.

［12］ 李帅. 基于 BP 神经网络的光伏列阵 MPPT 控制研究 ［D］. 吉林：东北电力大学，2016.

［13］虞正琦. 基于模糊控制的光伏发电系统 MPPT 技术研究［D］. 华中科技大学，2007.

［14］Li S H，Haskew T A，Xu L. Conventional and novel control designs for direct driven PMSG wind turbines［J］. Electric Power Systems Research，2010，80（3）：328 - 338.

［15］赵金越，关新，胥德龙，等. 基于模型参考自适应的电动车用永磁同步电动机无速度传感器控制系统研究［J］. 电气技术，2017，2：36 - 40.

［16］Lalili D，Mellit A，Lourci N，et al. Input output feedback linearization control and variable step size MPPT algorithm of a grid - connected photovoltaic inverter［J］. Renewable Energy，2011，36：3282 - 3291.

［17］Kchaou A，Naamane A，Koubaa Y，et al. Second order sliding mode - based MPPT control for photovoltaic applications［J］. Solar Energy，2017，155：758 - 769.

［18］Dhar S，Dash P K. A new backstepping finite time sliding mode control of grid connected PV system using multivariable dynamic VSC model［J］. International Journal of Electrical Power and Energy Systems，2016，82：314 - 330.

［19］Mohomad H，Saleh S，Chang L. Disturbance estimator - based predictive current controller for single - phase interconnected PV systems［J］. IEEE Transactions on Industry Applications，2017，53（5）：4201 - 4209.

［20］Wang J，Mu X，Li Q K. Study of passivity based decoupling control of T - NPC PV grid - connected inverter［J］. IEEE Transactions on Industrial Electronics，2017，64（9）：7542 - 7551.

［21］Ramadan H S. Optimal fractional order PI control applicability for enhanced dynamic behavior of on - grid solar PV systems［J］. International Journal of Hydrogen Energy，2017，42（7）：4017 - 4031.

［22］蔡兴龙，马铭磷. 基于分数阶极值搜索的光伏最大功率跟踪控制［J］. 电源学报，2017，15（6）：43 - 48.

［23］Yang B，Yu T，Shu H C，et al. Perturbation observer based fractional - order PID control of photovoltaics inverters for solar energy harvesting via Yin - Yang - Pair optimization［J］. Energy Conversion and Management，2018，171：170 - 187.

［24］Mirjalili S，Gandomi A H，Mirjalili S Z，et al. Salp Swarm Algorithm：A bio - inspired optimizer for engineering design problems［J］. Advances in Engineering Software，2017，114：163 - 191.

［25］Mohapatra A，Nayak B，Das P，et al. A review on MPPT techniques of PV system under partial shading condition［J］. Renewable and Sustainable Energy Reviews，2017，80：854 - 867.

［26］刘漫丹. 文化基因算法研究进展［J］. 自动化技术与应用，2007，26（11）：1 - 4.

［27］Liu F，Duan S，Liu F，et al. A variable step size INC MPPT method for PV systems［J］. IEEE Transactions on industrial electronics，2008，55（7）：2622 - 2628.

［28］Deshkar S N，Dhale S B，Mukherjee J S，et al. Solar PV array reconfiguration under partial shading conditions for maximum power extraction using genetic algorithm［J］. Renewable and Sustainable

Energy Reviews，2015，43：102 - 110.

［29］ Babu T S，Rajasekar N，Sangeetha K. Modified particle swarm optimization technique based maximum power point tracking for uniform and under partial shading condition ［J］. Applied Soft Computing，2015，34：613 - 624.

［30］ Mohanty S，Subudhi B，Ray P K. A new MPPT design using grey wolf optimization technique for photovoltaic system under partial shading conditions ［J］. IEEE Transactions on Sustainable Energy，2015，7 (1)：181 - 188.

［31］ 陈希亮，曹雷，李晨溪，等. 基于重抽样优选缓存经验回放机制的深度强化学习方法 ［J］. 控制与决策，2018，33 (4)：600 - 606.

［32］ 郭锐，吴敏，彭军，等. 一种新的多智能体 Q 学习算法 ［J］. 自动化学报，2007，33 (4)：367 - 372.

［33］ Arulkumaran K，Deisenroth M P，Brundage M，et al. Deep reinforcement learning：A brief survey ［J］. IEEE Signal Processing Magazine，2017，34 (6)：26 - 38.

［34］ Taylor M E，Stone P. Transfer learning for reinforcement learning domains：A survey ［J］. Journal of Machine Learning Research，2009，10 (10)：1633 - 1685.

［35］ 王皓，高阳，陈兴国. 强化学习中的迁移：方法和进展 ［J］. 电子学报，2008，36 (12A)：39 - 43.

［36］ Ramon J，Driessens K，Croonenborghs T. Transfer learning in reinforcement learning problems through partial policy recycling ［C］. European Conference on Machine Learning. Heidelberg：Springer Berlin，2007：699 - 707.

［37］ Luong N C，Hoang D T，Gong S，et al. Applications of deep reinforcement learning in communications and networking：A survey ［J］. IEEE Communications Surveys & Tutorials，2019，21 (4)：3133 - 3174.

［38］ Chen C，Takahashi T，Nakagawa S，et al. Reinforcement learning in depression：a review of computational research ［J］. Neuroscience and Biobehavioral Reviews，2015，55：247 - 267.

［39］ Pan J，Wang X，Cheng Y，et al. Multi - source transfer ELM - based Q learning ［J］. Neurocomputing，2014，137：57 - 64.

［40］ Zhang X，Yu T，Yang B，et al. Accelerating bio - inspired optimizer with transfer reinforcement learning for reactive power optimization ［J］. Knowledge - Based Systems，2017，116：26 - 38.

［41］ Bianchi R A C，Celiberto L A，Santos P E，et al. Transferring knowledge as heuristics in reinforcement learning：A case - based approach ［J］. Artificial Intelligence，2015，226：102 - 121.

［42］ Sundareswaran K，Sankar P，Nayak P S R，et al. Enhanced energy output from a PV system under partial shaded conditions through artificial bee colony ［J］. IEEE transactions on sustainable energy，2014，6 (1)：198 - 209.

［43］ Ahmed J，Salam Z. A maximum power point tracking (MPPT) for PV system using cuckoo search with partial shading capability ［J］. Applied Energy，2014，119：118 - 130.

［44］ Rezk H，Fathy A. Simulation of global MPPT based on teaching － learning － based optimization technique for partially shaded PV system ［J］. Electrical Engineering，2017，99（3）：847 － 859.

［45］ Ortega R，Schaf A，Castanos F，et al. Control by interconnection and standard passivity － based control of port － Hamiltonian systems ［J］. IEEE Transactions on Automatic Control 2008，53（11）：2527 － 2542.

［46］ 王飞. 分数阶 PID 控制器的设计与实现 ［D］. 辽宁：东北大学，2012.

［47］ 周翕. 不确定系统的分教阶鲁棒控制研究 ［D］. 安徽：中国科学技术大学，2017.

［48］ 周小壮，王孝洪. 永磁同步风力发电系统的分数阶比例积分控制算法研究 ［J］. 电机与控制应用，2017，44（7）：92 － 97.

［49］ 姚舜才，潘宏侠. 粒子群优化同步电机分数阶鲁棒励磁控制器 ［J］. 中国电机工程学报，2010，30（21）：91 － 97.

［50］ Yang B，Yu T，Shu H C，et al. Passivity － based fractional － order sliding － mode control design and implementation of grid － connected photovoltaic inverters ［J］. Journal of Renewable and Sustainable Energy，2018，10：043701 － 043704.

［51］ 齐乃明，宋志国，秦昌茂. 基于最优 Oustaloup 的分数阶 PID 参数整定 ［J］. 控制工程，2012，19（2）：283 － 285.

［52］ Yang B，Zhang X S，Yu T，et al. Grouped grey wolf optimizer for maximum power point tracking of doubly － fed induction generator － based wind turbine ［J］. Energy Conversion and Management，2017，133：427 － 443.

［53］ Gui Y，Wei B，Li M，et al. Passivity － based coordinated control for islanded AC microgrid ［J］. Applied energy，2018，229：551 － 561.

［54］ 朱呈祥，邹云. 分数阶控制研究综述 ［J］. 控制与决策，2009，24（2）：161 － 169.

［55］ 杨文强，蔡旭，姜建国. 矢量控制系统的积分型滑模变结构速度控制 ［J］. 上海交通大学学报，2005，39（3）：426 － 428.

［56］ 李永坚，许志伟，彭晓. SRM 积分滑模变结构与神经网络补偿控制 ［J］. 电机与控制学报，2011，15（1）：33 － 37.

［57］ 侯利民，王怀震，李勇，等. 级联式滑模观测器的永磁同步电机鲁棒滑模控制 ［J］. 控制与决策，2016，31（11）：2071 － 2076.

［58］ Zhang B，Pi Y，Luo Y. Fractional order sliding － mode control based on parameters auto － tuning for velocity control of permanent magnet synchronous motor ［J］. ISA Transactions，2012，51：649 － 656.

［59］ Kadri R，Gaubert J P，Champenois G. An improved maximum power point tracking for photovoltaic grid － connected inverter based on voltage － oriented control ［J］. IEEE Transactions on Industrial Electronics，2011，58（1）：66 － 75.

［60］ Abdel － Salam M，Kamel R，Sayed K，et al. Design and implementation of a multifunction DSP －

based-numerical relay [J]. Electric Power Systems Research, 2017, 143: 32-43.

[61] 吴强, 黄建华. 分数阶微积分 [M]. 北京: 清华大学出版社, 2016.

[62] Jiang L, Wu Q H, Wen J Y. Nonlinear adaptive control via sliding-mode state and perturbation observer [J]. IEE Proceedings of Control Theory Applications, 2002, 149: 269-277.

[63] Yang B, Hu Y L, Huang H Y, et al. Perturbation estimation based robust state feedback control for grid connected DGIF wind energy conversion system [J]. International Journal of Hydrogen Energy, 2017, 42: 20994-21005.

[64] Yang B, Yu T, Shu H C, et al. Robust sliding-mode control of wind energy conversion systems for optimal power extraction via nonlinear perturbation observers [J]. Applied Energy, 2018, 210: 711-723.

[65] 王久和, 慕小斌, 张百乐, 等. 光伏并网逆变器最大功率传输控制研究 [J]. 电工技术学报, 2014, 29 (6): 49-56.

后　　记

　　日益严重的能源消耗问题和环境破坏问题，迫使世界各国积极进行能源转型，对能源结构做出重大调整。我国是世界上最大的发展中国家，经济增长以能源的大量消耗为保证，长期以来过度依赖传统能源。如今，传统能源难以保障经济的快速平稳增长，既有能源结构严重制约经济社会可持续发展。能源行业作为国民经济发展的重要产业，亟待寻求新的发展空间。新能源具有资源丰富、环保低碳等特点，顺应了"创新、协调、绿色、开放、共享"五大发展理念，将为我国能源结构转型提供新机会、新动力，为社会发掘新的经济增长点，有效提升国际竞争力，带动国民经济持续快速发展。在这一背景下，改变思维定式，迎接新变化，快速进入新能源领域并积极促进新能源的开发利用，是未来能源安全与环境可持续发展的必由之路。因此，对新能源发电技术及相关控制技术的研究和创新极具现实意义。

　　风能和太阳能凭借其独有的特点，在众多新能源形式中脱颖而出，现已成为能源结构中不可或缺的部分。然而，风力发电系统通常具有强非线性和不确定性，且受风速的强随机性和运行过程中伴随的多种扰动等因素的影响，传统的控制策略往往导致其发电效率低、鲁棒性较差。另外，太阳能光伏发电系统同样受系统非线性以及外界温度、光照等因素影响存在电能转化效率低和并网电能质量差等问题。为保证新能源发电系统能稳定、可靠、高效运行，研究控制性能更佳、鲁棒性更强的控制技术是当今新能源发电系统控制领域的必然趋势。作为新能源发电领域的研究工作者之一，笔者已然意识到积极探索并发展创新能源发电的相关控制技术意义非凡。

　　非线性鲁棒控制一直是近 20 年来控制理论界和实际系统应用中的热点和难点，近年来广泛应用于电力系统中，主要包括滑模控制、无源性控制、反馈线性化解耦方法、自适应控制等。非线性鲁棒控制不仅具有丰富的实际应用背景，更具有很高的理论价值。事实上，组成控制系统的各元件的动态和静态特性都存在着不同程度的非线性，所以实际系统都是非线性系统。当非线性程度不严重时，可以忽略非线性特性的影响，从而运用小偏差法将非线性模型线性化。但是，对于非线性程度比较严重，且系统工作范围较大的非线性系统，比如风力发电系统和光伏发电系统，只有使用非线性的分析和设计方法，才能得到较为正确的结果。要对系统进行高性能和高精度的控制，必须针对非线性系统的数学模型，采用非线性控制理论进行研究。此外，为了改善系统的性能，实现高质量的控制，还必须考虑非线性控制器的设计。例如，为了削弱系统固有的抖振现象，采用扰动观测器对参数变化和多种扰动进行估计，并进行实时负荷补偿，从而减小系统的稳态误差并削弱抖振，增强鲁棒性；为了兼顾系统的响应速率和稳态精度，需使用高增益控制器等。鲁棒控制理论是专门分析和处理具有不确定系统的控制理论，对于模型不确定的非线性控制系统，为维持系统的稳定性和全局一致性提供了系统的方法。因此，非线性鲁棒控制对于极具非线性和不确定性的新能源发电系统的控制设计意义重大。

笔者于英国利物浦大学攻读博士学位期间，师从国家千人计划获得者、IEEE Fellow 吴青华教授，科睿唯安高被引科学家蒋林教授，以及广东省"珠江学者"、华南理工大学余涛教授，对非线性鲁棒控制进行了大量深入的研究。在分析扰动观测器理论的基础上，结合微分几何、滑模控制、自适应无源控制等现代非线性控制方法，开展了在新能源发电系统广泛存在的非线性、不确定性条件下的非线性自适应控制和鲁棒协同控制的大量探索。回国后，笔者作为云南省"云岭学者"、昆明理工大学副校长束洪春教授电力系统保护与控制创新团队和云南省智能电网工程技术研究中心的核心成员，对智能电网发展建设中面临的优化与控制等重大基础理论进行了深入研究，并开展了相应的关键技术研发和工程化应用。期间，笔者还与余涛教授开展了大规模复杂电力系统的优化与智能控制方面等问题的研究。本书正是在笔者与以上诸位教授长期从事分布式能源和非线性控制教学与研究的基础上完成的。

在本书的编写过程中，笔者得到了许多的支持和帮助。吴青华教授与蒋林教授是笔者对非线性控制领域进行初步探索的领路人；清华大学梅生伟教授对非线性鲁棒控制的研究理论给予了笔者很多的启发；华中科技大学文劲宇教授对于大规模可再生能源发电并网问题的研究给予了笔者诸多理论指导；华中科技大学姚伟教授参与了本书部分内容的讨论，使笔者受益匪浅。另外，特别感谢梅生伟教授和文劲宇教授在百忙之中审阅本书并为本书作序；感谢昆明理工大学云南省智能电网工程技术研究中心的曹璞璘、曾芳、安娜等老师给予笔者研究工作上的支持和帮助；笔者的两位研究生钟林恩与王俊婷在本书的资料收集、文字录入等方面做了大量工作，在此一并表示感谢；最后，感谢笔者家人一直以来对笔者工作与生活上的照料与支持。

最后，感谢国家自然科学基金重点项目（52037003），国家自然科学基金项目（61963020，51777078），以及云南省重大科技专项计划（202002AF080001）的资助。

2021 年 3 月于云南昆明